1580242859

中华人民共和国国家标准

液化天然气接收站工程设计规范

Code for design of liquefied natural gas receiving terminal

GB 51156-2015

主编部门：中国石油天然气集团公司
　　　　　中国石油化工集团公司
批准部门：中华人民共和国住房和城乡建设部
施行日期：2 0 1 6 年 6 月 1 日

中国计划出版社

2015　北　京

中华人民共和国国家标准
液化天然气接收站工程设计规范
GB 51156-2015

☆

中国计划出版社出版发行
网址:www.jhpress.com
地址:北京市西城区木樨地北里甲11号国宏大厦C座3层
邮政编码:100038　电话:(010)63906433(发行部)
北京市科星印刷有限责任公司印刷

850mm×1168mm　1/32　4.75印张　119千字
2016年3月第1版　2017年5月第2次印刷

☆

统一书号:1580242·859
定价:29.00元

版权所有　侵权必究

侵权举报电话:(010)63906404
如有印装质量问题,请寄本社出版部调换

中华人民共和国住房和城乡建设部公告

第 951 号

住房城乡建设部关于发布国家标准《液化天然气接收站工程设计规范》的公告

现批准《液化天然气接收站工程设计规范》为国家标准,编号为 GB 51156—2015,自 2016 年 6 月 1 日起实施。其中,第 4.1.33、5.9.3、12.1.10、12.1.12、12.1.14 条为强制性条文,必须严格执行。

本规范由我部标准定额研究所组织中国计划出版社出版发行。

中华人民共和国住房和城乡建设部
2015 年 11 月 12 日

前　言

本规范根据住房城乡建设部《关于印发〈2013年工程建设标准规范制订修订计划〉的通知》（建标〔2013〕6号）要求，由中国寰球工程公司、中石化洛阳工程有限公司会同有关单位共同编制。

本规范编制组在编制过程中进行了深入调查研究，认真总结了实践经验，参考了相关国内标准和国外先进标准，并广泛征求了有关方面的意见，最后经审查定稿。

本规范共分12章和2个附录。主要技术内容有：总则，术语，站址选择，总图与运输，工艺系统，设备，液化天然气储罐，设备布置与管道，仪表及自动控制，公用工程与辅助设施，消防，安全、职业卫生和环境保护等。

本规范以黑体字标志的条文为强制性条文，必须严格执行。

本规范由住房城乡建设部负责管理和对强制性条文的解释，由全国石油天然气标准化技术委员会液化天然气分技术委员会负责日常管理，由中国寰球工程公司负责具体内容的解释。本规范在执行过程中如发现有需要修改和补充之处，请将意见或建议寄送中国寰球工程公司（地址：北京市朝阳区来广营高科技产业园创达二路1号；邮政编码：100012），以便今后修订时参考。

本规范主编单位、参编单位、主要起草人和主要审查人：

主 编 单 位：中国寰球工程公司
　　　　　　　　中石化洛阳工程有限公司
参 编 单 位：中国石化工程建设有限公司
　　　　　　　　中国石油天然气第六建设公司
　　　　　　　　中国核工业华兴建设有限公司
　　　　　　　　中石化第四建设有限公司

中海石油气电集团有限责任公司

主要起草人： 王　红　何龙辉　白改玲　安小霞　王惠勤
赵广明　赵永辉　程　静　郑建华　李金光
舒小芹　刘　博　宋　坤　肖　峰　牛存厚
李志宇　韩艳萍　宋媛玲　李战杰　常　征
徐茂坤　王　强　陈瑞金　齐一芳　包光磊
张晋武　李中央　向苍义　杨新和　周　伟
于　海　仝　梅　郭　涛　苗志伟　余晓峰
张　俊　王珊珊　赵　欣　李艳辉　何　涛
王松生　扈国强　杜　毅　赵月峰　张世忱
文科武　裴炳安　董继军　史继森　岳金峰
王伏龙　闫　葵　许佳伟　高　贤　杨　娜
袁　强　王虎太

主要审查人： 唐苏东　叶学礼　杨莉娜　赵保才　刘　利
王小林　王成硕　盖晓峰　缪国庆　吴丽光
蒙晓非　暴长玮　刘杨龙　姜焕勇　时旭东
王修康　卢　浩　胡文江　李苏秦　王　洁
黄永刚　李书辉　张　超　陈文煜　武铜柱
代永清

目　　次

1 总　　则 ……………………………………………（ 1 ）
2 术　　语 ……………………………………………（ 2 ）
3 站址选择 ……………………………………………（ 5 ）
4 总图与运输 …………………………………………（ 7 ）
 4.1 总平面布置 ……………………………………（ 7 ）
 4.2 竖向设计 ………………………………………（ 12 ）
 4.3 道路设计 ………………………………………（ 14 ）
5 工艺系统 ……………………………………………（ 17 ）
 5.1 一般规定 ………………………………………（ 17 ）
 5.2 卸船与装船 ……………………………………（ 18 ）
 5.3 储存 ……………………………………………（ 18 ）
 5.4 蒸发气处理 ……………………………………（ 20 ）
 5.5 输送 ……………………………………………（ 21 ）
 5.6 气化 ……………………………………………（ 21 ）
 5.7 外输及计量 ……………………………………（ 23 ）
 5.8 装车 ……………………………………………（ 24 ）
 5.9 火炬和排放 ……………………………………（ 24 ）
6 设　　备 ……………………………………………（ 26 ）
 6.1 容器 ……………………………………………（ 26 ）
 6.2 装卸臂 …………………………………………（ 26 ）
 6.3 气化器 …………………………………………（ 27 ）
 6.4 泵 ………………………………………………（ 28 ）
 6.5 压缩机 …………………………………………（ 30 ）
7 液化天然气储罐 ……………………………………（ 32 ）

7.1 一般规定	(32)
7.2 金属内、外罐	(37)
7.3 预应力混凝土外罐	(38)
7.4 储罐保冷	(39)
7.5 检验与试验	(40)
7.6 干燥、置换和冷却	(41)
7.7 场地、地基和基础	(41)
8 设备布置与管道	(44)
8.1 设备布置	(44)
8.2 管道布置	(46)
8.3 管道材料	(47)
8.4 管道应力分析	(48)
8.5 管道绝热与防腐	(49)
9 仪表及自动控制	(51)
9.1 自动控制系统	(51)
9.2 过程检测仪表	(51)
9.3 仪表安装及防护	(53)
9.4 成套设备仪表设置	(54)
10 公用工程与辅助设施	(56)
10.1 给排水与污水处理	(56)
10.2 电气	(59)
10.3 电信	(60)
10.4 分析化验	(61)
10.5 建(构)筑物	(61)
10.6 采暖、通风与空调	(62)
10.7 维修与备品备件	(65)
11 消 防	(66)
11.1 一般规定	(66)
11.2 消防给水系统	(66)

11.3 消防设施	(68)
11.4 耐火保护	(70)
11.5 气体检测及火灾报警	(71)
12 安全、职业卫生和环境保护	(72)
12.1 安全	(72)
12.2 职业卫生	(74)
12.3 环境保护	(74)
附录 A 气体排放量计算	(76)
附录 B 液化天然气储罐罐型示意图	(79)
本规范用词说明	(83)
引用标准名录	(84)
附:条文说明	(87)

Contents

1 General provisions ··· (1)
2 Terms ··· (2)
3 Site selection ··· (5)
4 General plot plan ··· (7)
    4.1 General layout ··· (7)
    4.2 Vertical design ··· (12)
    4.3 Road design ·· (14)
5 Process systems ··· (17)
    5.1 General requirements ································ (17)
    5.2 Unloading and loading ······························ (18)
    5.3 Storage ·· (18)
    5.4 Boil off gas handling ································ (20)
    5.5 Transfer systems ······································ (21)
    5.6 LNG vaporization ···································· (21)
    5.7 Sendout and metering ······························ (23)
    5.8 Truck loading ·· (24)
    5.9 Flare and vent ··· (24)
6 Process equipment ·· (26)
    6.1 Vessels ·· (26)
    6.2 Unloading arms ······································· (26)
    6.3 Vaporizers ··· (27)
    6.4 Pumps ··· (28)
    6.5 Compressors ··· (30)
7 LNG storage tanks ·· (32)

	7.1	General requirements	(32)
	7.2	Metal inner and outer tanks	(37)
	7.3	Prestressed concrete outer tanks	(38)
	7.4	Thermal insulation	(39)
	7.5	Inspection and test	(40)
	7.6	Drying, purging and cooling	(41)
	7.7	Sites, subgrades and foundations	(41)
8	Equipment layout and piping systems		(44)
	8.1	Equipment layout	(44)
	8.2	Piping layout	(46)
	8.3	Piping materials	(47)
	8.4	Piping stress analysis	(48)
	8.5	Piping insulation and anticorrosive engineering	(49)
9	Instrumentation and control systems		(51)
	9.1	Control systems	(51)
	9.2	Process measurment instrumentation	(51)
	9.3	Instrument installation and protection	(53)
	9.4	Package equipment instrumentation	(54)
10	Utilities and auxiliary facilities		(56)
	10.1	Water and sewage systems	(56)
	10.2	Electricity	(59)
	10.3	Telecommunications	(60)
	10.4	Laboratory	(61)
	10.5	Buildings and structures	(61)
	10.6	Heating, ventilation and air conditioning	(62)
	10.7	Maintenance and spare parts	(65)
11	Fire protection		(66)
	11.1	General requirement	(66)
	11.2	Fire water supply system	(66)

11.3	Fire-fighting facilities	(68)
11.4	Fire proofing	(70)
11.5	Fire and gas detection	(71)
12	Safety, occupational health and environment protection	(72)
12.1	Safety	(72)
12.2	Occupational health	(74)
12.3	Environment protection	(74)

Appendix A Calculation of the gas flowrate .... (76)
Appendix B Typical LNG tanks .... (79)
Explanation of wording in this code .... (83)
List of quoted standards .... (84)
Addition:Explanation of provisions .... (87)

1 总　　则

1.0.1 为保证液化天然气接收站工程设计质量,提高设计水平,做到技术先进、经济合理、安全可靠、节能环保,制定本规范。

1.0.2 本规范适用于陆上新建、扩建和改建的液化天然气接收站工程的设计。

1.0.3 液化天然气接收站工程设计除应执行本规范外,尚应符合国家现行有关标准的规定。

2 术 语

2.0.1 液化天然气 liquefied natural gas(LNG)

主要由甲烷组成,可能含有少量的乙烷、丙烷、丁烷、氮或通常存在于天然气中的其他组分的一种无色液态流体。

2.0.2 液化天然气接收站 liquefied natural gas receiving terminal

对船运液化天然气进行接收、储存、气化和外输等作业的场站。

2.0.3 工艺装置 process unit

一个或一个以上相互关联的工艺设备的组合。

2.0.4 罐组 a group of tanks

布置在一个拦蓄堤内的一个或多个储罐。

2.0.5 再冷凝器 recondenser

利用过冷的液化天然气将压缩后的液化天然气蒸发气冷凝的设备。

2.0.6 开架式气化器 open rack vaporizer(ORV)

以海水作为热源,海水自气化器顶部的溢流装置依靠重力自上而下均覆在气化器管束的外表面上,液化天然气沿管束内自下而上被海水加热气化的设备。

2.0.7 浸没燃烧式气化器 submerged combustion vaporizer(SCV)

以天然气作为燃料,天然气通过燃烧器燃烧产生的高温烟气直接进入水浴中将水加热,液化天然气流过浸没在水浴中的换热盘管后被热水加热气化的设备。

2.0.8 中间介质气化器 intermediate fluid vaporizer(IFV)

利用一种中间介质蒸发冷凝的相变过程将热源的热量传递给液化天然气,使其气化的设备。

2.0.9 集液池   liquefied natural gas collected pit

用于收集事故时泄漏至地面的液化天然气的构筑物。

2.0.10 翻滚   roll over

由于处于不同液位液化天然气的密度或温度不同而形成的液化天然气不同层之间剧烈运动的不稳定状态,并释放出大量的液化天然气蒸发气的现象。

2.0.11 日蒸发率   daily boil-off rate

储罐因漏热产生的日蒸发量与储罐总容量的百分比,以纯甲烷计。

2.0.12 单容罐   single containment tank

只有一个自支撑式结构的储罐用于容纳低温易燃液体,该储罐可由带绝热层的单壁或双壁结构组成。

2.0.13 双容罐   double containment tank

由一个单容罐及其外罐组成的储罐,该外罐与单容罐的径向距离不大于6m且顶部向大气开口,用于容纳单容罐破裂后溢出的低温易燃液体。

2.0.14 全容罐   full containment tank

由内罐和外罐组成。内罐为钢制自支撑式结构,用于储存低温易燃液体;外罐为独立的自支撑式带拱顶的闭式结构,用于承受气相压力和绝热材料,并可容纳内罐溢出的低温易燃液体,其材质一般为钢质或者混凝土。

2.0.15 薄膜罐   membrane tank

金属薄膜内罐、绝热层及混凝土外罐共同形成的复合结构。金属薄膜内罐为非自支撑式结构,用于储存液化天然气,其液相荷载和其他施加在金属薄膜上的荷载通过可承受荷载的绝热层全部传递到混凝土外罐上,其气相压力由储罐的顶部承受。

2.0.16 拦蓄堤   impounding dike/wall

液化天然气储罐发生泄漏事故时，防止液化天然气漫流或火灾蔓延的构筑物。

2.0.17 操作基准地震　　operating base earthquake（OBE）

不会造成系统损坏、不影响系统重新启动并继续安全运行的最大地震。该级别的地震作用不会损害储罐系统运行的完整性，能够保证公共安全。

2.0.18 安全停运地震　　safe shutdown earthquake（SSE）

不会造成系统基本功能失效和破坏的最大地震。该级别的地震作用可能会造成装置和储罐的局部永久性损坏，但不会破坏系统的完整性。

2.0.19 安全停运震后余震　　aftershock level earthquake（ALE）

安全停运地震发生后产生的余震。该级别的地震再发生作用时仍不会破坏系统的完整性。

2.0.20 周界报警系统　　boundary alarm system

对液化天然气接收站边界进行防范或当该边界被外来事物侵入后报警的防范系统及体系。

3 站址选择

3.0.1 液化天然气接收站的选址,应根据液化天然气接收站所在地区的地形、地质、水文、气象、交通、消防、供排水、供电、通信、可利用土地和社会生活等条件,对可供选择的具体站址进行技术、经济、安全、环境、征地、拆迁、管理等方面的综合评价,选择最优建站地址。

3.0.2 液化天然气接收站的站址应符合当地城镇规划、工业区规划和港区规划,宜选在自然条件有利于废气扩散、废水排放的地区,并宜远离其他环境敏感目标。

3.0.3 液化天然气接收站的站址应根据液化天然气码头的位置及陆域用地面积确定,并宜选择在天然气需求量大、用户集中的地区。

3.0.4 液化天然气接收站应具有人员疏散条件。

3.0.5 液化天然气接收站宜位于临近城镇或居民区全年最小频率风向的上风侧。

3.0.6 公路、地区架空电力线路、地区输油(输气)管道不应穿越液化天然气接收站。

3.0.7 液化天然气接收站应位于不受洪水、潮水或内涝威胁的地带,当不可避免时,应采取可靠的防洪、排涝措施。

3.0.8 液化天然气接收站防洪标准应按重现期不小于100年设计。

3.0.9 液化天然气接收站不应设在下列地区和区段内:

　　1 有土崩、活动断层、滑坡、沼泽、流沙、泥石流的地区和地下矿藏开采后有可能塌陷的地区;以及其他方面不满足工程地质要求的地区;

2 抗震设防烈度为 9 度及以上的地区；
  3 蓄（滞）洪区；
  4 饮用水水源保护区；
  5 自然保护区；
  6 历史文物、名胜古迹保护区。

3.0.10 液化天然气接收站不宜建在抗震设防烈度为 8 度的Ⅳ类场地地区。

3.0.11 液化天然气接收站与相邻工厂或设施的防火间距应按现行国家标准《石油天然气工程设计防火规范》GB 50183 中液化天然气站场区域布置的有关规定执行。

3.0.12 液化天然气接收站同军事设施、机场、重要物品仓库和堆场的距离应同有关部门协商确定。

4 总图与运输

4.1 总平面布置

Ⅰ 一般规定

4.1.1 液化天然气接收站总平面应在码头、栈桥、陆域形成的总体布置基础上,根据接收站的规模、工艺流程、交通运输、环境保护、防火、安全、卫生、施工、生产、检修、经营管理、站容站貌及发展规划等要求,结合当地自然条件进行布置。

4.1.2 液化天然气接收站总平面应按功能分区布置,可分为工艺装置区、液化天然气储罐区、火炬区、槽车装车区、公用工程及辅助生产区、外输计量区、行政办公及生活服务区、海水取排水区、码头区;各功能区应布置紧凑并与毗邻功能区相协调。可能散发可燃气体的区域和设施,宜布置在人员集中场所及明火或散发火花地点的全年最小频率风向的上风侧。

4.1.3 液化天然气接收站总平面布置应合理划分街区和确定通道宽度,街区、工艺装置区和建筑物、构筑物的外形宜规整。

4.1.4 液化天然气接收站总平面布置应使建筑群体的平面布置与空间景观相协调,并应与站外环境相适应。

4.1.5 行政办公及生活服务设施,宜根据其使用功能综合布置。

4.1.6 液化天然气储罐以及重要设备、重要建筑物、构筑物宜布置在工程地质良好的地段。

4.1.7 生产及辅助生产建筑物,在满足生产流程、防火、安全及卫生要求时,宜合并建造。

4.1.8 泵区、压缩机区等产生环境噪声污染的设施应远离人员集中和有安静要求的场所。

4.1.9 液化天然气储罐区不应毗邻布置在高于工艺装置区、接收站重要设施或人员集中场所的阶梯上；受条件限制不能满足要求时，应采取防止泄漏的液化天然气流入工艺装置区、接收站重要设施或人员集中场所的措施。

4.1.10 液化天然气接收站改建或扩建时应结合原有总平面布置，以及生产运行管理的特点，相互协调、合理布置。

4.1.11 液化天然气接收站的预留发展用地应符合下列规定：

1 分期建设的接收站，近远期工程应统一规划；近期工程应集中、紧凑、合理布置，并应与远期工程合理衔接；

2 远期工程用地宜预留在站外；当在站内或在街区内预留发展用地时，应有依据；

3 冷能利用区宜规划布置在近期工程的用地边缘，且宜独立成区。

4.1.12 接收站通道宽度应符合下列规定：

1 应满足安全、防火间距的要求；

2 应满足各种管线、管廊、运输线路及设施、竖向设计等布置的要求；

3 应满足施工、安装及检修的要求。

4.1.13 接收站绿化设计应符合下列规定：

1 应与接收站总平面布置、竖向设计及管线布置统一规划，合理安排；

2 应结合当地的自然条件、植物生态习性、抗污性能和苗木来源，因地制宜进行布置；

3 应满足生产、检修、运输、安全、卫生、防火、采光、通风的要求，应避免与建筑物、构筑物及地下设施的布置相互影响；

4 行政办公及生活服务区、接收站主要出入口及主要道路两旁应重点进行绿化布置；

5 工艺装置和外输计量设施四周应种植对有害气体耐性及抗性强的植物、可植地被植物或草皮；

6 公用工程及辅助生产区应根据厂房的生产性质、火灾危险

性和防火、防爆、防噪声、环境卫生的要求合理确定各类植物配置方式;

7 液化天然气储罐区不应绿化。

4.1.14 运输路线布置应使物流顺畅、短捷,并应避免或减少折返迂回;人流、货流组织应合理,并应避免运输繁忙的路线与人流交叉。

4.1.15 液化天然气接收站总平面布置的防火间距应按现行国家标准《石油天然气工程设计防火规范》GB 50183 的有关规定执行。

Ⅱ 生产设施布置

4.1.16 生产设施宜布置在一个街区或相邻的街区内;当采用阶梯式布置时,宜布置在同一台阶或相邻台阶上。

4.1.17 工艺装置区应设环形消防车道,受地形限制时,应设置有回车场的尽头式消防车道,回车场的面积应按所配消防车辆的车型确定,不宜小于 15m×15m。

4.1.18 外输计量区布置应与站外天然气管道走向相协调。

Ⅲ 公用工程及辅助生产设施布置

4.1.19 总变电所布置宜符合下列规定:

1 宜靠近液化天然气接收站边缘、进出线方便的地段;

2 宜布置在有水雾场所冬季主导风向的上风侧。

4.1.20 中央控制室布置应符合下列规定:

1 宜独立布置,当靠近生产设施布置时,应位于爆炸危险区范围以外;

2 应避免噪声、振动及电磁波对控制室的干扰;

3 沿主干道布置的控制室,最外侧轴线距主干道中心的距离不宜小于 20m。

4.1.21 锅炉房布置,宜靠近用热集中的设施,并宜位于可能散发可燃气体的场所和设施的全年最小频率风向的下风侧。

4.1.22 氮气站、压缩空气站宜集中布置,并应符合下列规定:

1 宜布置在空气洁净的地段,并宜靠近主要负荷中心;

2 空气压缩机的吸风口宜位于液化天然气罐区、工艺装置区和槽车装车区等设施的全年最小频率风向的下风侧。

4.1.23 泡沫站布置应符合下列规定：
　　1 应靠近被保护对象；
　　2 应位于非防爆区，距离被保护对象不应小于20m。

4.1.24 化验室布置应符合下列规定：
　　1 宜布置在液化天然气罐区、工艺装置区、槽车装车区和散发粉尘、水雾设施的全年最小频率风向的下风侧；
　　2 与振源的最小间距应符合现行国家标准《工业企业总平面设计规范》GB 50187的有关规定。

4.1.25 机修、仪修、电修车间宜集中布置在接收站一侧，并宜有较方便的交通运输条件，且应避免机修车间的噪声、振动及粉尘对周围设施的影响，其防振间距应符合现行国家标准《工业企业总平面设计规范》GB 50187的有关规定。

4.1.26 火炬布置应符合下列规定：
　　1 高架火炬宜位于生产设施全年最小频率风向的上风侧；
　　2 地面火炬宜位于生产设施全年最小频率风向的下风侧；
　　3 火炬布置的防火间距应符合现行国家标准《石油天然气工程设计防火规范》GB 50183的有关规定。

4.1.27 污水处理设施宜位于接收站边缘，且地势及地下水位较低处。

4.1.28 海水取水、排水区布置，应符合下列规定：
　　1 海水取、排水区宜靠近护岸布置，具体位置尚应结合海域生态环境影响评价的结论综合确定；
　　2 海水排放沟（涵）的布置应根据取、排水口的位置确定，宜短捷。

Ⅳ 液化天然气储罐区布置

4.1.29 液化天然气储罐区宜远离液化天然气接收站外的居住区和公共福利设施。

4.1.30 液化天然气储罐区宜布置在接收站人员集中活动场所和明火或散发火花地点全年最小频率风向的上风侧,并宜避免布置在窝风地带。

4.1.31 液化天然气储罐区宜靠近码头布置,与码头的净距应符合现行行业标准《液化天然气码头设计规范》JTS 165-5 的有关规定。

4.1.32 罐组周围应设环行消防车道;受用地的限制,不能设置环形消防车道时,应设有回车场的尽头式消防车道。

4.1.33 **与罐组无关的管线、输电线路严禁穿跨越拦蓄堤区域。**

Ⅴ 槽车装车设施布置

4.1.34 液化天然气槽车装车区布置应符合下列规定:

  1 宜位于接收站边缘或接收站外,并应避开人员集中的场所、明火和散发火花的地点及厂区主要人流出入口布置;

  2 宜设围墙独立成区,宜设置 2 个出入口;

  3 宜设置停车场。

4.1.35 汽车衡宜位于秤量汽车主要行驶方向的右侧,进出车端的平坡直线段长度不应小于一辆车长,且不应影响其他车辆的正常行驶。

Ⅵ 行政办公及生活服务设施布置

4.1.36 行政办公及生活服务区应布置在液化天然气接收站主要人流出入口处。

4.1.37 行政办公及生活服务区宜位于液化天然气接收站全年最小频率风向的下风侧,且环境洁净的地段。

4.1.38 行政办公及生活服务区建筑群体的组合及空间景观宜与周围的环境相协调。

Ⅶ 出入口、围墙布置

4.1.39 液化天然气接收站的出入口不宜少于 2 个,且宜位于不同方向,人流、货流出入口应分开设置。

4.1.40 主要人流出入口应设在接收站主干道通往居住区和城镇

的一侧；主要货流出入口应位于主要货流方向，并应与接收站外运输路线连接方便。

4.1.41 液化天然气接收站周界应采用永久性围墙封闭，围墙高度不应低于2.5m。

Ⅷ 消防站布置

4.1.42 消防站的位置应使消防车能迅速、方便地通往站内各街区。

4.1.43 消防站的服务范围至火灾危险场所最远点行车路程不宜大于2.5km，且接到火警后消防车到达火场的时间不宜超过30min。

4.1.44 消防站布置宜远离噪声场所，并应位于站内生产设施全年最小频率风向的下风侧；消防站的出入口与接收站的行政办公及生活服务设施等人员集中活动场所的主要疏散出口的距离，不宜小于50m。

4.1.45 消防车库不宜与综合性建筑物或汽车库合并建筑；特殊情况下，与综合性建筑物和汽车库合建的消防车库应有独立的功能分区和不同方向的出入口。

4.1.46 消防车库的大门应面向道路，距路面边缘的距离不应小于15m，并应避开管廊、栈桥或其他障碍物；大门前场地应用混凝土或沥青等材料铺筑，并应向道路方向设1%～2%的坡度。

Ⅸ 码头区布置

4.1.47 液化天然气接收站码头区布置应与接收站陆域布置统筹考虑。

4.1.48 液化天然气接收站码头区布置应符合现行行业标准《液化天然气码头设计规范》JTS 165-5的有关规定。

4.2 竖向设计

4.2.1 竖向设计应符合当地城镇规划或工业区规划中的竖向规划，并应满足接收站总平面布置对竖向设计的要求。

4.2.2 竖向设计应结合地形、工程地质和水文地质条件,合理确定各类设施、道路和场地的标高,并与接收站外部现有或规划的有关设施、道路、排水系统及周围场地的标高相协调。

4.2.3 接收站场地不应遭受洪水、潮水及内涝威胁,其设计标高不应低于设计频率水位 0.5m。

4.2.4 竖向布置应符合下列规定:

　　1 应满足工艺流程、接收站内外运输、场地雨水排放和管道敷设的要求;

　　2 应充分利用和合理改造自然地形,力求场地平整土石方量最小,使挖填接近平衡,调运路程短捷方便;

　　3 接收站靠近山区或丘陵地区时,应防止产生滑坡、塌方、泥石流,并应保护植被,防止水土流失;

　　4 分期建设的接收站宜统一规划场地的竖向布置;

　　5 改、扩建工程应与现有场地竖向相协调。

4.2.5 竖向布置方式应根据场地地形、工程地质、水文地质条件、接收站用地面积、总平面布置、运输方式和消防等要求,采用平坡式或阶梯式。自然地形坡度不大于 2% 时,宜采用平坡式;大于 2% 时,宜采用阶梯式。

4.2.6 阶梯式竖向设计应符合下列规定:

　　1 生产联系密切的建筑物、构筑物应布置在同一台阶或相邻台阶上;

　　2 台阶的长边宜平行等高线布置;

　　3 台阶的宽度应满足建筑物、构筑物、运输线路、管线和绿化布置等要求,以及操作、检修、消防和施工等需要;

　　4 台阶的高度应结合生产要求、场地地形、工程地质、水文地质条件、台阶间的运输联系和基础埋深等因素确定,并不宜高于 4m。

4.2.7 相邻台阶之间的连接方式,应根据用地情况、挖填高度、地质条件、降雨强度和外部荷载等因素确定,合理选用自然放坡、护坡、护墙或挡土墙等。

4.2.8 场地应设雨水排水系统。排除方式应结合接收站所在地区的雨水排除方式合理选择暗管或明沟排雨水系统。

4.2.9 接收站排雨水系统的设计应符合现行国家标准《室外排水设计规范》GB 50014的有关规定。

4.2.10 场地平整应符合下列规定：

    1 填方与挖方量宜基本平衡；

    2 填方与挖方量的平衡计算中，除应包括场地平整的土(石)方量外，还应包括厂内道路、建筑物、构筑物、设备基础、管线沟槽和排水沟等工程的土(石)方量，以及表层土的清除量与回填利用量；

    3 土石方平衡计算时，应考虑土壤的松散及压缩系数。

4.2.11 场地平整中，表层土处理应符合下列规定：

    1 填方地段基底较好的表层土应碾压密实后再填土；

    2 建筑物、构筑物、铁路、道路和管线的填方地段，当表层为有机质含量大于8%的耕土、淤泥或腐殖土时，应先挖除或处理后再填土；

    3 表层耕土挖出后宜集中堆放，其工程量应计入土(石)方工程量中。

4.2.12 场地平整土(石)方量的计算，可采用方格网法和断面法。

4.3 道 路 设 计

4.3.1 道路布置在符合接收站总平面布置的前提下，尚应符合下列规定：

    1 应满足生产、交通运输、消防、安全、施工、安装及检修期间大件设备的运输与吊装的要求；

    2 道路网的布置应与接收站总平面布置功能分区和街区划分相结合，并与场地竖向设计和主要管线带的走向相协调，且宜与主要建筑物、构筑物轴线平行或垂直布置；

3 主、次干道布置和人、货流向应合理;

4 道路布置宜环行,当出现尽头式布置时,其终端应设置回车场,回车场面积应根据所通行的车辆最小转弯半径和路面宽度确定;

5 站内道路与站外道路的衔接应短捷、通畅。

4.3.2 道路横断面类型可采用城市型、公路型和混合型,并宜符合下列规定:

1 道路宜采用一种类型,也可分区采用不同类型;

2 行政办公及生活服务设施区或生产装置区、卫生要求较高及人流较多的地段,宜采用城市型;

3 储罐区、接收站边缘及人流较少或场地高差较大的地段,可采用公路型或混合型。

4.3.3 道路路面等级、面层类型,应根据道路使用要求和气候、路基状况、材料供应和施工条件等因素确定,并应符合下列规定:

1 道路宜采用高级或次高级路面,车间引道可与其相连的道路相同;

2 槽车装车区地面应采用水泥混凝土路面。

4.3.4 道路路面宽度,主干道不应小于6.0m;次干道、支道不应小于4.0m;车间引道不宜小于3.5m,也可与该引道连通的厂房大门宽度相适应。

4.3.5 道路圆曲线半径不宜小于15m。

4.3.6 道路交叉口路面内缘转弯半径宜符合表4.3.6的规定。

表4.3.6 道路交叉口路面内缘转弯半径

道路类别	路面内缘转弯半径(m)		
	主干道	次干道	支道及车间引道
主干道	12~15	9~12	6~9
次干道	9~12	9~12	6~9
支道及车间引道	6~9	6~9	6~9

4.3.7 道路纵坡应符合下列规定：
  1 主干道纵坡不宜大于5%；
  2 次干道和支道纵坡不应大于8%；
  3 运输液化天然气专用道路纵坡不应大于6%。
4.3.8 站内消防道路路面净空高度不应低于5.0m。

5 工艺系统

5.1 一般规定

5.1.1 液化天然气接收站的工艺系统设计应符合安全及环保要求,并满足接收站的正常生产、开停车和检维修的要求。

5.1.2 液化天然气接收站的最小储存能力应根据设计船型、码头最大连续不可作业天数、正常外输及调峰要求确定,液化天然气储罐数量不宜少于2座。

5.1.3 液化天然气储罐宜采用现场建造立式圆筒平底储罐,其设计压力不应超过50kPa(G)。

5.1.4 液化天然气储罐及气化器出口的安全阀宜直接向大气排放,其他工艺设备及设施的安全阀出口宜接至蒸发气系统或火炬。

5.1.5 液化天然气泵及气化器应设置备用设备;液化天然气装卸臂、蒸发气压缩机和再冷凝器等设备可不设置备用。

5.1.6 需要检修和维护的工艺系统及设备应设置切断阀及盲板等隔离设施。

5.1.7 液化天然气接收站宜设置保冷循环系统,保冷循环的液化天然气量宜按其循环温升5℃~7℃确定。

5.1.8 液化天然气管道系统应进行瞬态流分析。

5.1.9 公称直径大于或等于DN200且长度大于100m的液化天然气管道宜在水平段设置表面温度计监测预冷过程,水平管道应在同一截面设置上下各1支。

5.1.10 液化天然气管道的设计流速不宜大于7m/s。

5.1.11 可能出现真空的工艺设备和管道应采取防止真空造成损坏的措施。

5.1.12 工艺设备及管道应设置氮气吹扫设施,吹扫压力不得大于被吹扫工艺设备及管道的设计压力。

5.1.13 燃料气系统宜从蒸发气压缩机后引出；当从气化设施后引出时，应设置减压设施和安全切断设施。

5.1.14 紧急停车仪表宜独立配置。

5.1.15 液化天然气的冷能应合理利用。

5.2 卸船与装船

5.2.1 液化天然气的装卸船设施应与设计船型相匹配。

5.2.2 装卸船计量宜采用船检尺计量，当采用流量计计量时，流量计精度应满足贸易交接计量要求。

5.2.3 液化天然气装卸船管道应设置紧急切断阀。紧急切断阀宜设在栈桥根部陆域侧，距码头前沿的距离不应小于20m。

5.2.4 液化天然气装卸船管道上应设置在线密闭采样分析仪表。

5.2.5 装卸船工艺流程设计应符合下列规定：

1 工艺管道的管径应满足正常装卸的最大流量要求；

2 卸船宜采用船泵输送；

3 装船宜采用液化天然气罐内泵输送；

4 当装卸船不同时操作时，装卸船工艺系统宜共用；

5 液相臂中应有1台能作为气相臂的备用。

5.3 储 存

5.3.1 液化天然气储罐应设置满足预冷、运行和停车操作要求的液位、压力、温度和密度检测仪表。

5.3.2 液化天然气储罐液位的设置应符合下列规定：

1 基于液化天然气储罐的最大充装体积流量，从最高操作液位上升至高高液位的时间不宜小于10min，达到高高液位时应联锁关闭入口阀门。

2 储罐低低液位应根据液化天然气储罐类型及罐内泵特性确定。

5.3.3 液化天然气储罐液位计的设置应符合下列规定：

1 应设置 2 套独立的液位计，达到高高液位或低低液位时应报警和联锁；

2 应设置 1 套独立的、用于高液位监测的液位计，达到高高液位时应报警和联锁。

5.3.4 液化天然气储罐应设置满足正常操作、高压、低压及负压监测需要的压力表。高压、低压及负压监测仪表应具有报警和联锁功能。

5.3.5 绝热层与内罐气相空间不连通时，应设置差压表或者在绝热层设置压力表。

5.3.6 液化天然气储罐温度计的设置应符合下列规定：

1 内罐应设置多点温度计，相邻 2 个测温传感器之间的垂直距离不超过 2m；

2 气相空间宜设置温度计；

3 内罐罐壁及底部应设置监测预冷及升温的温度计；

4 外罐内壁下部及底部环形空间应设置监测泄漏的温度计，温度达到低限值时应报警。

5.3.7 液化天然气储罐宜设置 1 套液位－温度－密度（LTD）测量系统。

5.3.8 液化天然气储罐宜设置压力控制阀，超压排放气排放至火炬系统。

5.3.9 液化天然气储罐应设置安全阀及备用安全阀。安全阀的泄放量应按下列工况可能的组合进行计算，各种工况的气体排放量可按本规范附录 A 的方法计算：

1 火灾时的热量输入；

2 充装时置换及闪蒸；

3 大气压降低；

4 泵冷循环带入的热量；

5 控制阀失灵；

6 翻滚。

5.3.10 液化天然气储罐应设置补气阀和真空安全阀。补气阀的补气介质宜为天然气或氮气。真空安全阀应设置备用。

5.3.11 补气阀及真空安全阀最大流量应按下列工况进行组合计算,各种工况的补充气量可按本规范附录A的方法计算:

    1 大气压升高;

    2 泵抽出最大流量;

    3 蒸发气压缩机抽出最大流量。

5.3.12 液化天然气储罐内应设置上部及下部进料管线。

5.3.13 液化天然气储罐应设置预冷管线。预冷管线上应设置压力、温度、流量检测仪表和调节流量的阀门。

5.3.14 单容罐、双容罐和全容罐日蒸发率不宜大于0.08%,薄膜罐的日蒸发率不宜大于0.1%。

5.3.15 液化天然气储罐穹顶及环隙空间应设置测定气相氧含量及露点的取样口。

5.4 蒸发气处理

5.4.1 液化天然气接收站应设置蒸发气处理系统。

5.4.2 蒸发气处理系统应收集液化天然气设备及管道漏热产生的蒸发气、保冷循环产生的蒸发气和装卸船以及装车等正常操作所产生的蒸发气。

5.4.3 蒸发气宜采用下列方式回收利用:

    1 再冷凝后气化外输;

    2 直接加压外输;

    3 用作燃料气;

    4 再液化。

5.4.4 蒸发气压缩机的设置应符合下列规定:

    1 应设置手动及自动停车功能;

    2 入口压力达到低限值时应报警及紧急停车;

3 入口温度达到高限值时宜报警;
4 出口管道应设置止回阀。

5.5 输 送

5.5.1 液化天然气泵的设置应符合下列规定:
　　1 应设置就地启/停按钮,并在中央控制室设置紧急停车按钮;
　　2 应设置低流量保护线,流量达到低限值时应报警及紧急停泵;
　　3 出口管道上应设置温度、压力和流量仪表;
　　4 电气及仪表接线端子的氮封压力达到高限值应报警;
　　5 电流达到高限值应报警及紧急停泵;
　　6 应设排气系统。

5.5.2 罐内泵的能力应根据外输气量、装车外输量、装船外输量和保冷循环量等要求确定。

5.5.3 每座液化天然气储罐的罐内泵不应少于2台。

5.5.4 配置应急电源的罐内泵不宜少于1台。

5.5.5 外输泵出口管道宜设置2种不同型式的止回阀,入口管道上应设置压力仪表及过滤器;泵罐液位达到低限值应报警。

5.6 气 化

5.6.1 液化天然气气化器的型式应根据气候及海水条件、接收站的功能定位、热源种类确定。气化器宜采用开架式气化器、浸没燃烧式气化器和中间介质气化器。

5.6.2 开架式气化器、中间介质气化器的操作范围宜为0～100%,浸没燃烧式气化器宜为10%～100%。

5.6.3 气化器的最大压降不宜大于0.2MPa。

5.6.4 气化器天然气出口温度不宜低于0℃。

5.6.5 每台气化器液化天然气入口管线上应设置流量调节阀和

紧急切断阀,天然气出口管线上应设紧急切断阀,紧急切断阀与气化器的距离不应小于15m;出口紧急切断阀应在入口紧急切断阀关闭后延时关闭。

5.6.6 每台气化器液化天然气入口管线上应设置温度、压力和流量检测仪表,天然气出口管线上应设温度和压力检测仪表,并应单独设置用于气化器紧急停车联锁的温度检测仪表。

5.6.7 当使用海水作为气化器的热源时,海水温降不应大于5℃。海水入口管道上应设置温度和流量检测仪表,出口海水应设温度监测。

5.6.8 气化器使用的海水悬浮物粒径不应大于5mm。

5.6.9 开架式气化器水质宜符合下列规定:

1 固体悬浮物含量不宜大于80ppm;
2 酸碱度(pH)宜为7.5~8.5;
3 铜离子(Cu^{2+})含量不宜大于10ppb;
4 汞离子(Hg^{2+})含量不宜大于5ppb。

5.6.10 浸没燃烧式气化器应设置燃料气压力、烟气温度、水浴温度、水浴液位、天然气出口温度、水酸碱度、火焰检测仪表和烟气取样设施。

5.6.11 浸没燃烧式气化器的燃料气管道应设置紧急切断阀。

5.6.12 各气化器出口紧急切断阀及其上游管路系统和安全阀的设计温度应与气化器设计温度一致。

5.6.13 气化器操作压力大于6.3MPa(G)时,出入口均应设置双阀隔离。

5.6.14 气化器报警与联锁停车设置应符合表5.6.14的要求。

表5.6.14 气化器报警与联锁停车设置

项目	条件	报警与联锁停车设置		
		ORV	IFV	SCV
天然气出口压力	高限值	报警并停车	报警并停车	报警并停车
	低限值	报警	报警	报警

续表 5.6.14

项 目	条 件	报警与联锁停车设置		
		ORV	IFV	SCV
天然气出口温度	高限值	—	—	报警并停车
	低限值	报警并停车	报警并停车	报警并停车
海水流量	低限值	报警并停车	报警并停车	—
海水出口温度	低限值	报警	报警并停车	—
燃料气压力	高/低	—	—	报警并停车
助燃空气压力	低限值	—	—	报警并停车
火焰	熄灭	—	—	报警并停车
水浴酸碱度	超限值	—	—	报警
风机	故障	—	—	报警

5.6.15 气化器的设计压力应大于或等于安全阀的整定压力。

5.6.16 每台气化器天然气出口管线上应设置安全阀。安全阀的整定压力宜为气化器可能出现的最高工作压力的1.05倍~1.1倍,安全阀的允许超压应符合现行国家标准《压力容器》GB 150.1~GB 150.4 的有关规定。

5.6.17 开架式气化器、中间介质气化器、浸没燃烧式气化器安全阀的泄放能力应为气化器额定流量的110%。

5.7 外输及计量

5.7.1 计量系统的工艺设计应符合压力、温度、流量以及工况变化等输气工艺要求。

5.7.2 外输天然气的计量宜选用体积或热值计量方式。外输气体热值调整系统应根据需要设置。

5.7.3 清管系统的设计应符合现行国家标准《输气管道工程设计规范》GB 50251 的有关规定。

5.7.4 加臭系统应根据需要设置。加臭剂的选择应符合现行行业标准《城镇燃气加臭技术规程》CJJ/T 148 的有关规定,加臭剂的最小用量应满足当天然气泄漏达到爆炸下限的20%浓度时能被人的正常嗅觉察觉的要求。

5.7.5 外输天然气管道应设置气质监测设施，对气体组成、水露点、烃露点、硫化氢含量等进行监测。

5.8 装　　车

5.8.1 液化天然气槽车装车贸易计量宜采用地衡计量。

5.8.2 液化天然气槽车装车宜采用定量装车控制方式。

5.8.3 液化天然气槽车装车应采用装车臂密闭装车，并应配置氮气吹扫及置换设施。

5.8.4 液化天然气和蒸发气总管上应设便于操作的紧急切断阀，紧急切断阀与装车臂距离不应小于10m。

5.9 火炬和排放

5.9.1 液化天然气管道泄压安全设施的设置应符合下列规定：

　　1 两端阀门关闭且因外界环境影响可能造成介质压力升高的液化天然气管道应设置泄压安全措施；

　　2 减压阀后的管道系统不能承受减压阀前的压力时，应设置泄压安全措施。

5.9.2 安全阀、放空阀、其他泄压设施和其出口管道及设备应能适应排放过程中温度变化。

5.9.3 液化天然气不应就地排放，严禁排至封闭的排水沟（管）内。

5.9.4 火炬系统的处理能力应满足下列工况中可能产生的最大排放量。在确定最大排放量时，不应考虑任意两种工况的叠加：

　　1 火灾；

　　2 液化天然气储罐的超压排放；

　　3 设备故障；

　　4 公用工程故障；

　　5 开停车和检维修。

5.9.5 液化天然气储罐的超压排放量应按本规范第5.3.9条第1款～第5款工况可能组合的最大排放量确定。

5.9.6 蒸发气排放总管进入火炬前宜设置分液罐。分液罐应设加热设施,加热设施的启动及关闭应与分液罐的液位或温度信号联锁。

5.9.7 火炬系统应设置保持正压及防止回火的措施,并应符合下列规定:

　　1 火炬系统防止回火措施宜采用注入吹扫气体的方式,不应采用水封罐方式,不宜采用阻火器,吹扫气体宜采用氮气;

　　2 高架火炬吹扫气体注入点宜设在分液罐的出口管道上,地面火炬吹扫气体注入点应设在各分级压力开关阀下游;

　　3 高架火炬吹扫气体应连续供气,宜设置备用气源;

　　4 吹扫气体宜设置流量指示和低流量报警仪表;

　　5 分液罐后的火炬放空主管宜设置压力指示和低压报警仪表;

　　6 高架火炬应设置密封器,宜采用速度密封器。

5.9.8 高架火炬筒体、塔架和其附属设施的设计应能适应低温气体排放条件。

5.9.9 封闭式地面火炬的设计应符合下列规定:

　　1 燃烧器宜选用自引风式,应能够充分燃烧;燃烧器应具备100%的消烟能力;

　　2 燃烧器应满足低温天然气燃烧的要求;

　　3 管路系统应避免出现冰冻堵塞火炬气排放的情况。

6 设 备

6.1 容 器

6.1.1 压力容器应按国家现行标准《压力容器》GB 150.1~GB 150.4 及《固定式压力容器安全技术监察规程》TSG R0004 的有关规定进行设计。

6.1.2 常压储罐应按现行国家标准《立式圆筒形钢制焊接油罐设计规范》GB 50341 的有关规定进行设计。

6.1.3 真空绝热压力容器应按现行国家标准《固定式真空绝热深冷压力容器》GB/T 18442 的有关规定进行设计。

6.1.4 压力容器受压元件用钢应根据其设计条件、材料性能、制造工艺、泄压工况可能出现的低温和经济合理性等确定。

6.1.5 处于盐雾腐蚀环境的不锈钢压力容器宜选用超低碳级奥氏体不锈钢。

6.1.6 碳钢压力容器和常压储罐设计腐蚀裕量不宜小于 1.5mm。

6.1.7 绝热保护的压力容器绝热层外表面冷损失宜小于 $25W/m^2$。

6.2 装 卸 臂

6.2.1 槽车装车臂应符合下列规定：

　　1 装车臂在空载状态下,应保证外臂在包络线范围内任意位置平衡；

　　2 装车臂的设计强度应满足风、雪、冰冻载荷等现场最恶劣环境条件；

　　3 液体装车臂水平方向完全展开及满荷载时,应对基础及联接部位的强度进行校核。

6.2.2 液化天然气装船臂、卸船臂应符合下列规定：

1 每个装卸臂应配备紧急脱离系统，脱离时间宜为5s～30s；紧急脱离系统的双切断阀应采用球阀；液压操纵的紧急脱离系统的液压控制阀箱应安装蓄能器；

2 装卸臂应按照空载时任意位置处于平衡状态进行设计；

3 三维接头组件在装卸臂的任何位置应保持平衡，与船连接的法兰面与水平面宜保持垂直，偏斜角度允许偏差宜为±3°；

4 装卸臂应按最大受风面进行风荷载计算，并应符合现行国家标准《高耸结构设计规范》GB 50135的有关规定；

5 船用装卸臂设计风速宜采用工作状态20m/s，复位状态60m/s；

6 装卸臂地震载荷计算应符合现行国家标准《建筑结构荷载规范》GB 50009的有关规定；

7 低温旋转接头应在最低设计温度时进行旋转测试，主密封和次密封泄漏速率应小于$10cm^3/(min \cdot cm)$；

8 装卸臂选型应能适应设计船型。

6.2.3 液化天然气装卸臂检验和测试宜符合现行国家标准《压力管道规范 工业管道 第5部分：检验与试验》GB/T 20801.5中管道检验等级Ⅰ级的规定。

6.3 气 化 器

6.3.1 气化器换热元件的材质应适用于液化天然气和加热介质。

6.3.2 气化器的设计应按照下列载荷及其组合：

1 永久载荷，包括自重（如有连接设备应包括连接设备重量）、工作压力和操作中的热应力；

2 可变载荷，包括试验压力、冷却应力、风、雪、地震载荷；

3 组合载荷，气化器设计的组合载荷应符合表6.3.2的规定。

表 6.3.2 气化器设计载荷

载荷	重量	试验压力	运行压力	冷却应力	热应力	风	雪	地震
试验	✓	✓	—	—	—	✓	✓	—
冷却	✓	—	✓	✓	—	—	—	—
正常运行	✓	—	✓	—	✓	✓	✓	✓

注:"✓"表示应考虑,"—"表示不考虑。

6.3.3 开架式气化器设计应符合下列规定:

1 海水应均匀地分布在翅片管的任何部位;

2 液化天然气应均匀分布在气化器内部的换热模块;

3 气化器与液化天然气工艺管道之间的连接应配置过渡接头;

4 换热管束表面宜采用纯铝或铝锌合金喷涂涂层。

6.3.4 浸没燃烧式气化器设计应符合下列规定:

1 水浴槽宜采用混凝土或内衬混凝土,其他碳钢组件应采用防腐措施;

2 应设置酸碱平衡系统;

3 运行期间水浴槽内平均水温不宜超过35℃;

4 水浴槽溢流口的位置应适应运行期间的液位波动;

5 鼓风机额定流量的设计裕量不宜小于10%,额定压头的设计裕量不宜小于21%;

6 浸没燃烧式气化器运行时产生的废气中氮氧化合物、一氧化碳等污染物的含量应符合环保要求,并应除去99%直径超过10微米的水滴。

6.3.5 中间介质气化器可采用丙烷、乙二醇水溶液等作为中间加热介质。

6.4 泵

6.4.1 液化天然气罐内泵应采用安装在储罐泵井内的立式潜液

泵，并应配有专用吊装用具等附件；外输泵宜采用安装在固定专用泵罐内的立式潜液泵。

6.4.2 液化天然气泵设计应符合下列规定：

 1 连续运转时间不应小于3年；

 2 泵及其附件应满足低温运行条件；

 3 承压部件及附件设计压力应按运行过程中的最大允许工作压力进行设计，水压试验压力不应低于最大允许工作压力的1.5倍；

 4 泵的叶轮应采用整体铸造或锻造，不应采用焊接叶轮；

 5 泵的额定叶轮不应采用型谱中最大直径和最小直径的叶轮；在恒速驱动下，通过更换更大直径的叶轮或者采取其他不同的水力学设计，应能使泵的额定扬程至少增加5%；

 6 泵应有稳定的扬程和流量曲线，从泵的额定流量点到关闭点之间扬程的连续增加量不应低于10%；

 7 泵额定流量点宜在效率曲线的最佳效率流量的80%～110%；

 8 泵性能曲线应包括流量－扬程曲线、流量－效率曲线、流量－功率曲线和流量－必需汽蚀余量曲线。流量－必需汽蚀余量曲线的显示范围应在最小连续流量到最大流量之间；

 9 泵轴在湿转子状态下应为刚性轴，并应对转子进行横向分析；

 10 泵转子湿态下的第一临界转速应至少比最大连续操作转速高20%；在规定的操作速度范围内不应发生共振；

 11 泵电机功率应按照最大密度介质进行选配；

 12 罐内泵吸入口弹簧开启的底阀的密封宜采用复合唇型密封；

 13 泵应配置振动监测设施。

6.4.3 液化天然气泵试验和检验应符合下列规定：

 1 锻件和转动零件应在热处理后进行机械性能试验；

2 性能试验介质应采用液化天然气，试验用液化天然气密度和温度应与设计值一致；

3 应进行连续4h性能试验，应至少包括下列6个流量点：最大流量、额定流量、最小连续流量、关闭点和最小连续流量与额定流量之间的2个流量点。额定流量点运行时间不应小于2h；

4 应采用液化天然气进行必需汽蚀余量试验，并应以扬程下降3%时测得数据为考核值；

5 罐内泵应采用液化天然气进行泵停试验，并应以扬程下降40%时测得数据为考核值；

6 与液化天然气接触的部件应进行低温性能检验。

6.5 压缩机

6.5.1 低温蒸发气压缩机可采用卧式对称平衡型往复式压缩机或立式迷宫活塞往复式式压缩机。

6.5.2 低温蒸发气压缩机设计应符合下列规定：

1 连续运转时间不应小于3年；

2 应按连续重载工况设计；

3 压缩机部件材料应满足低温工况要求，活塞环、支撑环等易损件应满足开车时常温工况要求；

4 压缩机气阀和卸荷器的设计应满足低温工况要求，配置的进气阀卸荷器应为全密封式；

5 压缩机曲轴箱应采用全封闭结构，轴端密封应为机械密封，曲轴箱承压能力应满足最不利工况；

6 压缩机机身冷却系统宜采用闭式自循环型冷却系统；

7 压缩机及附件应能承受系统隔离时的氮气吹扫压力；

8 压缩机气缸、活塞、活塞杆等的设计压力不应小于安全阀的设定压力；

9 压缩机低温材料应进行夏比冲击试验，低温缸体应进行低温变形测试；

10 卧式对称平衡型往复式压缩机最大平均活塞速度不宜超过 3.5m/s；

11 卧式对称平衡型往复式压缩机中体结构应为加长型，填料密封应带氮气隔离吹扫设施；立式迷宫活塞往复式压缩机缸体与中体应带隔冷结构；

12 卧式对称平衡型往复式压缩机宜设置下沉探测设施。

6.5.3 低温蒸发气压缩机试验和检验应符合下列规定：

1 压缩机、驱动机和传动装置应进行 4h 车间机械运转试验；

2 压缩机应在车间进行机身和气缸的盘车试验。盘车试验时所有气阀应就位；

3 立式迷宫活塞往复式压缩机应进行活塞和缸体磨合试验。

7 液化天然气储罐

7.1 一 般 规 定

7.1.1 液化天然气储罐选型应符合下列规定：

1 应对液化天然气储罐的罐型进行风险评估,确定对周围环境、人员和财产安全的影响；

2 液化天然气储罐宜选择本规范附录 B 所示的罐型；

3 在人口稠密或设施密集的工业地区宜选择双容罐、全容罐或薄膜罐；

4 在安全间距满足要求的条件下,可选用单容罐。

7.1.2 液化天然气储罐的设计应符合下列规定：

1 在 OBE 期间及之后储罐系统应能继续运行；

2 在 SSE 期间及之后储罐的储存能力不变且应能对其进行隔离和维修；

3 液化天然气储罐应进行 OBE 和 SSE 工况下的抗震计算,并保证液化天然气储罐在 SSE 工况下能安全停运；全容罐的预应力混凝土外罐应进行 ALE 工况下的极限承载力计算。

7.1.3 液化天然气储罐的管口应设置在罐顶。

7.1.4 OBE、SSE 和 ALE 的反应谱应按下列要求确定：

1 OBE 应为 50 年内超越概率为 10%（重现期 475 年）、阻尼比为 5%的反应谱表示的地震动,且其反应谱不应小于现行国家标准《建筑抗震设计规范》GB 50011 规定的所在地区的抗震设防地震所对应的值；

2 SSE 应为 50 年内超越概率为 2%（重现期 2475 年）、阻尼比为 5%的反应谱表示的地震动,且其反应谱不应小于现行国家标准《建筑抗震设计规范》GB 50011 规定的所在地区的罕遇地震所对应的值；

3 ALE 的反应谱加速度值应为 SSE 反应谱加速度值的一半；

4 当缺乏竖向地震的反应谱时，竖向地震影响系数应不小于相应的水平地震影响系数最大值的 65%。

7.1.5 液化天然气储罐的附属结构应按 OBE 进行设计。

7.1.6 在地震作用时，液化天然气储罐各设计分量的阻尼比宜按表 7.1.6 的规定选取。

表 7.1.6 各设计分量的阻尼比

设计分量	阻尼比(%)		
	OBE	SSE	ALE
液体水平向对流质量	0.5	0.5	0.5
内罐	2.0	5.0	7.0
液体水平向冲击质量	5.0	5.0	7.0
液体竖向冲击质量	5.0	5.0	7.0
预应力混凝土罐壁	3.0	5.0	7.0
钢筋混凝土罐顶	4.0	7.0	7.0
预应力/非预应力钢筋混凝土底板	4.0	7.0	7.0

7.1.7 液化天然气储罐的永久荷载和可变荷载应符合表 7.1.7 的规定。

表 7.1.7 液化天然气储罐的永久荷载和可变荷载

荷载类型	储罐类型	单容罐	双容罐		全容罐		薄膜罐
			a)	b)	a)	b)	
永久荷载	低温钢质内罐	√	√	√	√	√	√
	低温钢质外罐	—	√	—	√	—	—
	预应力混凝土外罐	—	—	√	—	√	√
	常温钢质外罐	√	√	—	—	—	—

续表 7.1.7

荷载类型	储罐类型	单容罐	双容罐 a)	双容罐 b)	全容罐 a)	全容罐 b)	薄膜罐
罐顶活荷载	低温钢质内罐	—	—	—	—	—	—
	低温钢质外罐	—	—	—	√*	—	—
	预应力混凝土外罐	—	—	—	—	√	√
	常温钢质外罐	√	√	√	—	—	—
雪荷载	低温钢质内罐	—	—	—	—	—	—
	低温钢质外罐	—	—	—	√*	—	—
	预应力混凝土外罐	—	—	—	—	√	√
	常温钢质外罐	√	√	√	—	—	—
内部负压	低温钢质内罐	—	—	—	—	—	—
	低温钢质外罐	—	—	—	√*	—	—
	预应力混凝土外罐	—	—	—	—	√	√
	常温钢质外罐	√	√	√	—	—	—
保冷层压力	低温钢质内罐	√	—	—	√	√	—
	低温钢质外罐	—	—	—	√	—	—
	预应力混凝土外罐	—	—	—	—	√	√
	常温钢质外罐	√	√	√	—	—	—
内压	低温钢质内罐	—	—	—	—	—	√
	低温钢质外罐	—	—	—	√*	—	—
	预应力混凝土外罐	—	—	—	—	√	√
	常温钢质外罐	√	√	√	—	—	—

续表 7.1.7

荷载类型	储罐类型	单容罐	双容罐 a)	双容罐 b)	全容罐 a)	全容罐 b)	薄膜罐
沉降	低温钢质内罐	√	√	√	√	√	—
	低温钢质外罐	—	√	—	√	—	—
	预应力混凝土外罐	—	—	√	—	√	√
	常温钢质外罐	√	√	√	—	—	—
液化天然气自重	低温钢质内罐	√	√	√	√	√	√
	低温钢质外罐	—	—	—	—	—	—
	预应力混凝土外罐	—	—	√	—	√	√
	常温钢质外罐	—	—	—	—	—	—
风荷载	低温钢质内罐	—	—	—	—	—	—
	低温钢质外罐	—	√	—	√	—	—
	预应力混凝土外罐	—	—	√	—	√	√
	常温钢质外罐	√	√	√	—	—	—
水压试验	低温钢质内罐	√	√	√	√	√	√
	低温钢质外罐	—	√	—	√	—	—
	预应力混凝土外罐	—	—	—	—	—	√
	常温钢质外罐	√	—	—	—	—	—
气压试验	低温钢质内罐	—	—	—	—	—	√
	低温钢质外罐	—	—	—	√	—	—
	预应力混凝土外罐	—	—	—	—	√	√
	常温钢质外罐	√	√	√	—	—	—

续表 7.1.7

荷载类型	储罐类型	单容罐	双容罐 a)	双容罐 b)	全容罐 a)	全容罐 b)	薄膜罐
热效应	低温钢质内罐	√	√	√	√	√	√
	低温钢质外罐	—	√	—	√	—	—
	预应力混凝土外罐	—	—	√	—	√	√*
	常温钢质外罐	—	—	—	—	—	—

注：1 a)、b)见本规范附录 B，"√"表示应考虑，"—"表示不考虑。
    2 "√*"表示仅作用于低温钢质外罐的常温钢质顶。

7.1.8 液化天然气储罐的地震荷载和偶然荷载应符合表 7.1.8 的规定。

表 7.1.8 液化天然气储罐的地震荷载和偶然荷载

荷载类型	储罐类型	单容罐	双容罐 a)	双容罐 b)	全容罐 a)	全容罐 b)	薄膜罐
地震荷载	低温钢质内罐	√	√	√	√	√	√
	低温钢质外罐	—	√	—	√	—	—
	预应力混凝土外罐	—	—	√	—	√	√
	常温钢质外罐	√	√	—	—	—	—
爆炸荷载	低温钢质内罐	—	—	—	—	—	—
	低温钢质外罐	—	—	—	—	—	—
	预应力混凝土外罐	—	—	√	—	√	√
	常温钢质外罐	—	—	—	—	—	—
火灾	低温钢质内罐	—	—	—	—	—	—
	低温钢质外罐	—	—	—	—	—	—
	预应力混凝土外罐	—	—	√	—	√	√
	常温钢质外罐	—	—	—	—	—	—

续表 7.1.8

荷载类型	储罐类型	单容罐	双容罐 a)	双容罐 b)	全容罐 a)	全容罐 b)	薄膜罐
内罐泄漏	低温钢质内罐	—	—	—	—	—	—
	低温钢质外罐	—	√	—	√	—	—
	预应力混凝土外罐	—	—	√	—	√	√
	常温钢质外罐	—	—	—	—	—	—

注：a)、b)见本规范附录 B，"√"表示应考虑，"—"表示不考虑。

7.1.9 液化天然气接收站场地应进行地震、地质灾害评价。

7.2 金属内、外罐

7.2.1 低温钢质内罐、低温钢质外罐和常温钢质外罐应采用许用应力法进行设计。

7.2.2 低温钢质内罐和低温钢质外罐的材料应采用奥氏体不锈钢或 9%Ni 钢。

7.2.3 低温钢质内罐的罐壁高度应根据 OBE、SSE 工况确定，并应至少高于设计液位 300mm。

7.2.4 低温钢质内罐和钢质外罐或预应力混凝土外罐之间除与基础的锚固外不宜设置固定连接。

7.2.5 低温钢质内罐、全容及双容钢质外罐的钢板或焊缝金属在正常操作工况和水压试验工况下的许用拉应力不应超过表 7.2.5 的规定值。

表 7.2.5 正常操作工况和水压试验工况下的许用拉应力

钢材类别	正常操作工况下的许用拉应力	水压试验工况下的许用拉应力
9%Ni 钢	$0.43R_m$ 与 $0.67R_{el}$ 两者之中的较小值	$0.60R_m$、$0.85R_{el}$ 和 340 MPa 三者中的最小值
奥氏体不锈钢	$0.40R_m$ 与 $0.67R_{el}$ 两者之中的较小值	

注：1 R_m 为钢板或焊缝金属标准抗拉强度的下限值（MPa），R_{el} 为钢板或焊缝金属标准下屈服强度（MPa）。

2 对于 9%Ni 钢板，R_{el} 可为材料标准规定的 0.2% 非比例延伸强度（MPa）。

3 对于奥氏体不锈钢板，R_{el} 可为材料标准规定的 1.0% 非比例延伸强度（MPa）。

7.2.6 抗震验算时,OBE工况下许用应力应取操作工况下许用应力的1.33倍;SSE工况下许用应力应取材料标准下屈服强度的1.00倍。

7.2.7 锚固件的许用拉应力应符合下列规定:

1 正常操作工况下应为材料标准下屈服强度的0.50倍;

2 试验工况下应为材料标准下屈服强度的0.85倍;

3 OBE工况下应为材料标准下屈服强度的0.67倍;

4 SSE工况下应为材料标准下屈服强度的1.00倍。

7.3 预应力混凝土外罐

7.3.1 预应力混凝土外罐的设计使用年限应为50年。

7.3.2 预应力混凝土外罐的抗震设防分类应为乙类。

7.3.3 预应力混凝土外罐罐壁的环向和竖向均应布置低温预应力钢筋。

7.3.4 预应力混凝土外罐的罐壁外侧受力钢筋应使用高强度热轧钢筋;罐壁内侧在可能遭受低温作用的部位应使用低温钢筋;用于抗剪的钢筋应使用低温钢筋。

7.3.5 预应力混凝土外罐的混凝土应采用低温环境混凝土,并应符合现行国家标准《低温环境混凝土应用技术规范》GB 51081的规定。

7.3.6 对于正常运行工况,预应力混凝土外罐应采用线弹性分析方法进行设计;对于SSE、ALE和偶然作用工况,预应力混凝土外罐宜采用弹塑性分析方法进行设计。

7.3.7 低温钢质内罐泄漏后储罐再遭遇ALE作用时应验算预应力混凝土外罐的极限承载力。

7.3.8 预应力混凝土外罐的设计应进行承载力极限状态计算和正常使用极限状态验算;正常使用极限状态验算应进行结构的变形、裂缝宽度和罐壁在内罐泄漏情况下的液密性验算。

7.3.9 预应力混凝土外罐的液密性应满足下列要求:

1 对于没有液密性衬里或涂层的预应力混凝土外罐壁,混凝土受压区厚度不应小于截面厚度的10%和100mm二者的较大值;

2 对于有液密性衬里或涂层的预应力混凝土外罐壁,应计算其裂缝宽度;选用的衬里或涂层的延性不应小于计算裂缝宽度的1.2倍。

7.3.10 OBE 作用效应组合设计时,材料的强度指标应取设计值;SSE 和 ALE 作用效应组合设计时,材料的强度指标应取标准值。

7.3.11 水平与竖向地震作用应同时进行组合,其地震作用分项系数应符合表 7.3.11 的规定。

表 7.3.11 地震作用分项系数

地震作用		水平地震作用分项系数 γ_{Eh}	竖向地震作用分项系数 γ_{Ev}
OBE	水平为主	1.05	0.45
	竖向为主	0.45	1.05
SSE	水平为主	1.00	0.4
	竖向为主	0.4	1.00

7.4 储罐保冷

7.4.1 低温钢质内罐罐底、罐壁及吊顶应进行保冷设计。

7.4.2 液化天然气储罐的保冷设计应满足最大蒸发率的要求。

7.4.3 低温钢质内罐的罐底保冷应符合下列规定:

1 保冷层应满足正常操作、水压试验及地震工况下的强度要求;

2 罐底保冷材料的最小强度安全系数应符合表 7.4.3 的规定。

表 7.4.3 罐底保冷材料的最小强度安全系数

工 况	操作条件	试验条件	OBE	SSE
最小安全系数	3.0	2.25	2.0	1.5

注:安全系数=公称抗压强度 σ_n/计算压缩应力。

7.4.4 低温钢质内罐的罐壁外侧应设置弹性保冷层。

7.4.5 液化天然气储罐外罐和低温钢质内罐之间的环形空间,宜用膨胀珍珠岩填充。内罐高度之上的超填量不宜小于环形空间容积的 5%。

7.4.6 吊顶上的保冷材料可选用玻璃纤维毡或膨胀珍珠岩。

7.4.7 液化天然气储罐罐顶和吊顶板间的低温管道宜用玻璃纤维毡进行保冷。

7.5 检验与试验

7.5.1 低温钢质内罐壁板竖向、水平(环向)对接焊缝的射线检验比例应为100%。

7.5.2 液化天然气储罐的无损检测方法及合格标准应符合下列规定：

　　1 射线检测应按现行行业标准《承压设备无损检测 第2部分 射线检测》JB/T 4730.2 的有关规定执行，技术等级不应低于AB级，Ⅱ级合格；

　　2 超声检测应按现行行业标准《承压设备无损检测 第3部分 超声检测》JB/T 4730.3 的有关规定执行，Ⅰ级合格；

　　3 磁粉检测应按现行行业标准《承压设备无损检测 第4部分 磁粉检测》JB/T 4730.4 的有关规定执行，Ⅰ级合格，9%Ni钢不得采用磁粉检测；

　　4 渗透检测应按现行行业标准《承压设备无损检测 第5部分 渗透检测》JB/T 4730.5 的有关规定执行，Ⅰ级合格。

7.5.3 液化天然气储罐试验应按现行国家标准《现场组装立式圆筒平底钢质液化天然气储罐的设计与建造》GB/T 26978.1～GB/T 26978.5 的有关规定执行，并应符合表7.5.3的规定。

表7.5.3 液化天然气储罐试验

储罐类型		水压试验	气压试验	氨检漏试验
单容罐	低温钢质内罐	√	—	—
	低温钢质外罐	—	—	—
	常温钢质外罐	—	√	—
	预应力混凝土外罐	—	—	—

续表 7.5.3

储罐类型		水压试验	气压试验	氦检漏试验
双容罐	低温钢质内罐	√	—	—
	低温钢质外罐	—	—	—
	常温钢质外罐	—	√	—
	预应力混凝土外罐	—	—	—
全容罐	低温钢质内罐	√	—	—
	低温钢质外罐	—	√	—
	常温钢质外罐	—	—	—
	预应力混凝土外罐	—	√	—
薄膜罐	低温钢质内罐	—	—	√
	低温钢质外罐	—	—	—
	常温钢质外罐	—	—	—
	预应力混凝土外罐	√	√	—

注:"√"表示应进行,"—"表示不需进行。

7.6 干燥、置换和冷却

7.6.1 液化天然气储罐干燥、置换和冷却应按现行国家标准《现场组装立式圆筒平底钢质液化天然气储罐的设计与建造》GB/T 26978.1~GB/T 26978.5 的规定执行。

7.6.2 液化天然气储罐应先进行低温钢质内罐空间的置换,再进行环形空间的置换。

7.7 场地、地基和基础

7.7.1 液化天然气储罐地基基础工程在设计前,应对建筑场地进行岩土工程勘察。

7.7.2 建筑场地岩土工程勘察应符合现行国家标准《岩土工程勘察规范》GB 50021 的有关规定,并应符合下列规定:

1 液化天然气储罐中心及边缘宜布置勘探点,勘探点数量应根据液化天然气储罐的型式、容积、地基复杂程度等确定。详细勘察阶段液化天然气储罐地基勘探点数量可按表7.7.2选用,其中控制性勘探点的数量宜取勘探点总数的1/5~1/3;

表7.7.2 储罐地基勘探点数量(个)

场地类别	储罐公称容积(m^3)			
	50000	100000	150000	200000
简单场地	5~9	10~13	13~16	16~19
中等复杂场地	9~13	13~21	16~25	19~28
复杂场地	13~18	21~25	25~30	28~35

2 勘探孔深度应符合下列规定:
　　1)一般性勘探孔深度根据地基情况宜取储罐外罐直径的0.8~1.0倍,或到中风化层基岩以下不小于2m;
　　2)控制性勘探孔深度根据地基情况宜取储罐外罐直径的1.0~1.2倍,或到中风化层基岩以下不小于10m。

7.7.3 液化天然气储罐基础不宜建在部分坚硬、部分松软的地基上,当无法避免时,应采取有效的处理措施。

7.7.4 当液化天然气储罐基础地基为特殊性土及地震作用地基土有液化时,或地基土的承载力及沉降差不能满足设计要求时,应对地基进行处理或采用深基础等措施。

7.7.5 当罐区场地存在液化可能时应采取措施消除在OBE工况下的液化;宜采取措施消除在SSE工况下的液化。

7.7.6 液化天然气储罐基础形式可按表7.7.6选用。

表7.7.6 液化天然气储罐基础形式

基础类别	地基情况	基础形式
架空式基础	地基承载力和沉降计算满足要求	架空式浅基础
	地基承载力或沉降计算不满足要求	高桩承台基础
落地式基础	地基承载力和沉降计算满足要求	落地式浅基础
	地基承载力或沉降计算不满足要求	低桩承台基础

7.7.7 对于高桩承台基础和架空式浅基础,水平承载力不能满足要求时,可采用隔震措施。

7.7.8 桩基础在 SSE 作用下的水平允许承载力,可取其水平极限承载力。

7.7.9 液化天然气储罐允许的沉降差应符合下列规定:

1 外罐底板边缘任意 2 个观测点的沉降差不应超过该 2 个观测点之间弧长的 1/1000;

2 同一测量方位内、外罐的相对沉降差不应超过 10mm;

3 任意方向直径的两端沉降差不应超过储罐外罐外径的 2/1000;

4 罐中心与罐边缘的沉降差不应超过储罐外罐外径的 3/1000。

7.7.10 在液化天然气储罐外罐穹顶浇筑、充水试压和投产使用期间,应对储罐基础的沉降进行观测;沉降观测应在外罐穹顶浇筑前、穹顶浇筑后、储罐充水前、充水过程、充水稳压阶段、放水过程、放水后及投产使用等各个时段进行。

7.7.11 储罐基础应设置沉降观测点,沉降观测点应沿基础底板外沿均匀布置,数量不宜少于 16 个。内、外罐相对沉降观测点应沿其罐壁环向均匀布置,其间隔不宜大于 15m。

7.7.12 基础底板宜预埋 2 根相互正交的测斜仪管。

7.7.13 当采用落地式基础时应设置基础加热系统。

8 设备布置与管道

8.1 设 备 布 置

8.1.1 设备布置应满足工艺流程、安全生产和环境保护的要求,并应兼顾操作、维护、检修、施工和消防的需要。

8.1.2 设备布置应满足液化天然气接收站总体布置的要求,当需分期建设时,预留设备及构筑物区的位置还应根据生产过程的性质和设备特点确定。

8.1.3 设备平面布置的防火间距应符合现行国家标准《石油天然气工程设计防火规范》GB 50183 的有关规定。

8.1.4 设备宜露天或半露天布置,当工艺操作要求或受自然条件限制时,可将设备布置在建筑物内。

8.1.5 管廊布置应符合下列规定:

1 管廊应处于能将主要设备区相连接的位置;

2 管廊的布置应满足道路和消防的需要,并应避开设备的检修场地;

3 工艺装置内管廊下作为消防车道时,管廊至地面的净高不应小于 4.5 m;

4 管廊的宽度除应满足管道布置的要求外,还应满足架空敷设的仪表和电气电缆槽架所需宽度的要求。

8.1.6 液化天然气储罐布置应符合下列规定:

1 罐组内储罐的数量和间距应符合现行国家标准《石油天然气工程设计防火规范》GB 50183 的有关规定;

2 罐组拦蓄堤和隔堤的设置应符合现行国家标准《石油天然气工程设计防火规范》GB 50183 的有关规定;

3 在拦蓄堤的不同方位上应设置不少于 2 处人行台阶或坡

道，相邻人行台阶或坡道之间的距离不宜大于60m。

8.1.7 液化天然气泵布置应符合下列规定：

1 除罐内泵外，液化天然气泵宜露天布置；

2 泵的上方应留出泵体安装和检修所需的空间；

3 泵的布置应满足所连接管道的柔性设计要求，并应满足管道阀门、仪表元件及其平台梯子的布置要求；

4 泵基础的高度应满足入口过滤器滤芯的检修要求。

8.1.8 蒸发气压缩机布置及其厂房的设计应符合下列规定：

1 蒸发气压缩机宜布置在敞开或半敞开式厂房内；

2 蒸发气压缩机及其附属设备的布置应满足制造厂的特殊安装要求；

3 蒸发气压缩机上方不得布置可燃气体及液体工艺设备，但自用的高位润滑油箱不受此限制；

4 厂房顶部应采取通风措施，厂房楼板宜部分采用钢格板；

5 厂房应满足机组最大检修部件的进出要求，机组一侧应有检修时放置机组部件的场地，多台机组可共用检修场地；

6 双层布置的厂房，应按机组的最大检修部件设置吊装孔及吊装设施；

7 蒸发气压缩机和驱动机的一次仪表盘，当制造厂无特殊要求时，宜布置在靠近机组的侧面或端部，并应有检修通道；

8 蒸发气压缩机的基础应与厂房结构的基础分开。

8.1.9 气化器布置及防火间距应符合现行国家标准《石油天然气工程设计防火规范》GB 50183的有关规定。

8.1.10 液化天然气槽车装车设施的布置应符合下列规定：

1 装车鹤位到储罐、控制室、办公室、维修间重要设施的距离不应小于15m；

2 装车车位宜采用通过式，当受场地条件限制时，亦可采用旁靠式；

3 装车台台面的高度，应根据槽车的形式、装车方式确定；

4 装车鹤位之间的距离不应小于4m；

5 装车台应设遮阳(雨)罩棚；

6 装车台处应设置导静电的接地设施。

8.1.11 码头及栈桥的布置应符合下列规定：

1 码头平台的大小应满足阀门及装卸臂的操作、检修要求；

2 栈桥布置除应满足管廊的宽度及检修车辆通行的要求,栈桥宽度不宜小于15m。

8.1.12 在复位状态时,相邻液体装卸臂的最小净距不应小于600mm；在作业状态时,液体装卸臂的任何部位与码头建筑物、设备、管道的最小净距不应小于300mm。

8.1.13 在工艺装置区内部,应用道路将装置分割成为占地面积不大于10000m^2的设备、建筑物区。

8.1.14 工艺装置区的现场仪表间、变配电室、现场取样间等宜布置在工艺装置区外,且宜区域性统一设置；当布置在工艺装置区内时,应位于爆炸危险区范围以外的装置区的一侧,且宜位于工艺装置易燃介质设备全年最小频率风向的下风侧。

8.2 管道布置

8.2.1 管道布置应符合下列规定：

1 应满足工艺管道及仪表流程图的要求；

2 管道布置应统筹规划,做到安全可靠,经济合理,整齐美观,满足施工、操作和检修的要求；

3 对于分期实施的工程,管道布置应统一规划,做到施工、生产、检修互不影响。

8.2.2 液化天然气管道宜地上敷设；采用地下敷设时,可采用管沟敷设并应设置安全措施。

8.2.3 管沟内敷设的液化天然气管道及其组成件的保冷层外侧与管沟内壁之间净距不应小于250mm。

8.2.4 液化天然气管道布置在满足管道柔性设计要求的前提下,

应使管道短,弯头数量少。

8.2.5 液化天然气管道布置宜步步高或步步低,避免袋形布置。

8.2.6 液化天然气管道间距应根据法兰、阀门、测量元件的保冷厚度及管道的侧向位移确定。

8.2.7 液化天然气管道上的阀门宜安装在水平管道上,阀杆方向宜垂直向上。

8.2.8 液化天然气接收站内就地排放的可燃气体排气筒或放空管的高度应符合现行国家标准《石油天然气工程设计防火规范》GB 50183 的有关规定以及安全要求。

8.2.9 液化天然气管道上的法兰不宜与弯头、三通或大小头直接焊接。

8.2.10 栈桥上的工艺管道宜靠栈桥一侧布置,当管道较多时,可分层布置,下层管道与地面的净距不应小于 400mm。

8.2.11 多层管廊的管道布置应符合下列规定:

  1 低温管道宜布置在下层;

  2 公用工程管道和消防管道宜布置在上层;

  3 管廊的层间距不宜小于 2m。

8.2.12 管道布置除应符合本节规定外,尚应符合国家现行标准《压力管道规范 工业管道》GB/T 20801.1～GB/T 20801.6、《石油化工金属管道布置设计规范》SH 3012 和《石油化工给水排水管道设计规范》SH 3034 的有关规定。

8.3 管道材料

8.3.1 管道材料应根据管道设计条件、材料的耐腐蚀性能、加工工艺性能、焊接性能和经济合理性选用。

8.3.2 液化天然气管道应采用对焊连接,不应采用螺纹连接。

8.3.3 液化天然气管道上应采用分体式盲板与环垫。

8.3.4 液化天然气管道上使用软密封球阀时,应选用防(耐)火型结构的球阀。

8.3.5 液化天然气管道上的阀门应采用延长阀盖设计。延长阀盖应通过浇铸或预制成型,其所有焊接部位应进行100%射线检测。

8.3.6 液化天然气管道上阀门及阀门的操作系统应在结冰情况下仍可操作。

8.3.7 液化天然气管道上阀门阀腔内有可能集聚气体时应设置腔内泄压设施,泄压方向应满足工艺要求。

8.3.8 管道材料选择除应符合本节规定外,尚应符合现行国家标准《压力管道规范　工业管道》GB/T 20801.1～GB/T 20801.6的有关规定。

8.4 管道应力分析

8.4.1 在管道柔性设计中,除应计算管道本身的热胀冷缩外,尚应纳入下列管道端点的附加位移:

1 设备对其进出口管道施加的附加位移;

2 因海浪使栈桥摆动而施加给管道的附加位移;

3 地震工况下,储罐与其相连管道相位不同产生的水平附加位移。

8.4.2 下列管线应使用计算机辅助方法进行管道应力分析:

1 卸船总管和气相返回管线;

2 火炬排放总管;

3 有瞬态流荷载及两相流的管道;

4 连接气化器的进出口管道;

5 所有符合以下公式的管道。

$$t \geqslant \frac{D_0}{6} \quad (8.4.2-1)$$

$$\frac{P}{S_h E_j} > 0.385 \quad (8.4.2-2)$$

式中:t——管道厚度(mm);

D_0——管道外径(mm);

P——管道的设计压力(MPa);

S_h——管道材料在设计温度下的许用应力(MPa);

E_j——焊接接头系数。

8.4.3 液化天然气管道应力分析时应纳入管道断面的底部和顶部之间存在的温度梯度因素。

8.4.4 管道环境温度应依据工程设计基础条件确定,且应符合下列规定:

1 对于高温管道,宜取全年最冷月平均最低温度为环境温度;对于低温管道,宜取全年最热月平均最高温度为环境温度;

2 同一根管道的设计温度既有高温又有低温,宜取全年平均温度为环境温度,并应检查此管道从冷态到热态的位移应力范围。

8.4.5 管道支架的设计荷载应包括瞬态流荷载。

8.4.6 低温管道支吊架应有防止冷桥产生的措施。

8.4.7 蒸发气压缩机管道支架设计应满足管道静力应力分析和动力分析的要求。

8.4.8 管道应力分析除应符合本节规定外,尚应符合国家现行标准《压力管道规范 工业管道 第 3 部分:设计和计算》GB/T 20801.3 和《石油化工管道柔性设计规范》SH 3041 的相关规定。

8.5 管道绝热与防腐

8.5.1 液化天然气管道采用的绝热材料应满足国家现行标准《工业设备及管道绝热工程设计规范》GB 50264 及《石油化工设备和管道绝热工程设计规范》SH 3010 中对于低温绝热材料、绝热结构和绝热计算的相关要求。

8.5.2 液化天然气管道采用的绝热材料的火焰蔓延指数不应大于 25,且应在各种紧急状态下仍保持必须具有的属性。

8.5.3 液化天然气管道采用的防腐蚀涂料应能耐受持续低温,并应满足现行行业标准《石油化工设备和管道涂料防腐蚀设计规范》

SH/T 3022 的有关要求。

8.5.4 沿海建设的液化天然气接收站内的奥氏体不锈钢管道和绝热外保护层应采取抗海洋盐雾腐蚀的保护措施。

8.5.5 液化天然气接收站内的外输管道与接收站外的长输管道应统筹采取防腐保护措施。

9 仪表及自动控制

9.1 自动控制系统

9.1.1 仪表及控制系统的设置应满足接收站的正常生产及开停车要求。

9.1.2 液化天然气接收站内应设置分散控制系统、安全仪表系统、火灾及气体检测系统等系统。

9.1.3 分散控制系统应具备工艺数据采集、信息处理、过程控制、过程报警、趋势记录等功能。

9.1.4 安全仪表系统应独立于分散控制系统设置,安全仪表系统应采用冗余、冗错的可编程序控制器,并应按照故障安全型设计。

9.1.5 安全仪表系统应具备监控保护设备、触发紧急关断、记录报警事件、在线测试及维修等功能。

9.1.6 安全仪表系统与联锁信号应硬线连接,系统联锁动作后应进行人工手动复位。

9.1.7 火灾及气体检测系统应能监控火灾、可燃气体及液化天然气的泄漏。

9.1.8 火灾及气体检测系统应独立于分散控制系统和安全仪表系统设置。

9.2 过程检测仪表

9.2.1 温度仪表应符合下列规定:

 1 操作温度低于－80℃时,就地温度测量仪表应选用气体压力式温度计;

 2 远传低温介质温度测量宜选用Pt100热电阻,测量低温管道或设备外壁温度选用Pt100表面热电阻;

3 以标准信号传输的场合应采用智能型温度变送器,测量低温介质温度时,不宜采用一体化温度变送器;

　　4 安装在液化天然储罐罐壁及罐底的热电阻宜采用双支型;

　　5 工艺装置区、液化天然气导液沟、液化天然气集液池泄漏检测应设置低温检测器。

9.2.2 压力仪表应符合下列规定:

　　1 用于液化天然气储罐控制及联锁保护的压力检测仪表宜采用三取二冗余配置;

　　2 测量海水压力宜采用隔膜式压力表和压力变送器,隔膜材质宜选用耐海水腐蚀的蒙乃尔或哈氏合金;

　　3 液化天然气泵自带电缆接线箱的腔体充氮密封应采用压力变送器检测;

　　4 用于外输天然气总管联锁保护的压力检测仪表宜采用三取二冗余配置。

9.2.3 流量仪表应符合下列规定:

　　1 低温介质流量测量宜选用标准孔板流量计或文丘里流量计,孔板法兰压力等级最低应为300LB;

　　2 海水流量测量宜采用超声波流量计;

　　3 外输天然气计量宜选用四声道以上超声波流量计。

9.2.4 液位仪表应符合下列规定:

　　1 液化天然气储罐设置的两套独立的液位计宜采用伺服液位计;

　　2 液化天然气储罐用于高液位监测的液位计宜采用雷达或伺服液位计;

　　3 用于测量液化天然气的雷达液位计的天线宜选用导波型或平面型。

9.2.5 分析仪表设置应符合下列规定:

　　1 装卸船液化天然气管道、天然气外输管道设置的组分分析仪应选用工业色谱分析仪,并应安装在现场分析小屋内;

2 工艺装置区的可燃气体检测器宜选用点式及开路式可燃气体检测器。

9.2.6 控制阀应符合下列规定：

1 低温切断阀压力等级不大于300LB的场合，大于或等于 $DN\ 200$ 管道的宜选用蝶阀，小于 $DN\ 200$ 的管道应选用球阀；压力等级大于300LB的场合均应选用球阀；

2 低温切断阀宜采用一体化顶装结构，与管道焊接连接，执行机构宜采用单作用弹簧复位型气动执行机构；

3 低温切断球阀应有超压自泄放功能。

9.3 仪表安装及防护

9.3.1 仪表外壳和材质应满足安装环境要求。暴露在潮湿、含盐空气中的仪表外壳，应进行防腐处理；外壳的防护等级不应低于IP65。

9.3.2 冗余的通信电缆或光缆应采用不同的路径敷设。

9.3.3 仪表安装应符合下列规定：

1 仪表、控制设备和接线箱等应安装在安全且便于工艺操作和维修的位置；

2 仪表管阀件不应低于相应管道等级要求；

3 对直接接触海水介质的仪表安装材料宜选用双相钢、蒙乃尔或哈氏合金等耐海水腐蚀材料；

4 低温阀门阀杆和管线宜垂直或倾斜45°角以内安装；

5 低温仪表取压法兰应设计限流孔。

9.3.4 仪表接地系统应符合下列规定：

1 用电仪表及控制系统应接地。220V电源电缆应提供单独的接地线；

2 仪表盘、供电箱、电缆桥架等高于36V的设备，外壳应设置保护接地；

3 工作接地包括仪表信号回路接地和屏蔽接地，工作接地应

为单点接地,宜在控制室侧接地;

4 仪表及控制系统的接地电阻值不应大于 4Ω。

9.3.5 仪表防雷系统应符合下列规定:

1 应符合现行行业标准《石油化工仪表系统防雷工程设计规范》SH/T 3164 的相关规定;

2 分散控制系统、安全仪表系统和火灾及气体检测系统的 I/O 点、数据通信接口和供电接口应设置浪涌保护器;

3 液化天然气储罐罐顶仪表应设置浪涌保护器。

9.3.6 仪表测量管路应符合下列规定:

1 仪表引压管线的布置应避免机械损伤及振动所引起测量误差,对于低温场合应消除低温冷缩的影响;

2 仪表引压管线安装时应防止异物进入,接入仪表前应用洁净、干燥的空气吹扫;

3 在低温场合,压力表、压力变送器和差压变送器宜安装在取压点的上方;测量液位的差压变送器宜安装在容器上部取压点的上方;

4 低温介质压力和差压的测量,引压管的安装长度应确保液化天然气充分气化。

9.3.7 工艺介质在环境温度下有凝结、冷凝、结晶析出现象或仪表不能满足最低环境温度要求时,工艺导压管和仪表表体应伴热。

9.3.8 现场气动仪表供气应设置气源球阀和过滤器减压阀,气源球阀上游侧配管管径不宜小于 $DN15$。

9.3.9 仪表电缆敷设宜采用地上桥架敷设方式,桥架槽盒材料宜采用铝合金或玻璃钢。

9.3.10 用于消防的仪表电缆应采用耐火电缆。

9.4 成套设备仪表设置

9.4.1 成套设备仪表应满足环境要求,对于雷雨多发地,仪表和控制系统应有防浪涌保护功能。

9.4.2 成套设备控制系统应符合下列规定：

1 宜采用可编程逻辑控制器完成成套设备控制和监视功能，并应与分散控制系统通信。与安全仪表系统安全联锁时应满足相应的安全等级要求；

2 就地操作盘应安装在设备附近，并应满足环境要求；

3 可编程逻辑控制器控制柜宜安装在控制室或位于非防爆区的现场机柜室；

4 控制和监视信息应在中央控制室的分散控制系统上显示，从可编程逻辑控制器到分散控制系统的数据传输宜采用MODBUS通讯协议。

9.4.3 成套设备仪表应符合本规范第9.3节的规定。

9.4.4 外输计量系统应符合下列规定：

1 宜采用成撬设计，可包括一套分析系统；

2 应设置备用计量回路；

3 应包括管线、手动阀门、自动切断阀、超声波流量计、流量计算机、计量控制盘和上位计量系统等；

4 流量计算机应与分散控制系统通信；

5 分析系统应包括采样探头、预处理单元、色谱分析仪、硫化氢分析仪、露点分析仪和分析小屋等。

10 公用工程与辅助设施

10.1 给排水与污水处理

Ⅰ 给 水

10.1.1 水源宜采用城镇自来水、地下水、地表水,供水水质及水压应分别满足生活饮用水、生产给水水质及压力的要求;当水源供水水质、压力不能满足要求时,应在接收站内进行处理或设置加压设施。

10.1.2 当生活给水、生产给水与消防补充水采用同一水源时,水源的供水量不应小于生活给水、生产给水正常用水量之和的70%与消防补充水量之和。

10.1.3 生活给水与生产给水系统宜分开设置。

10.1.4 生活给水量宜按人员数量和用水定额确定。

10.1.5 生产给水量宜按工艺装置(单元)连续小时给水量与间断小时给水量综合确定。

10.1.6 生产给水和生活给水的总入口处应设置水量计量设施。

Ⅱ 排 水

10.1.7 排水系统应按照清污分流的原则设计,并宜设置生活污水系统、生产污水系统和雨水系统。

10.1.8 当排水系统采用压力输送时,排水提升泵站宜按区域集中设置。

10.1.9 自流生产污水管道的下列部位应设置水封,水封高度不得低于250mm:

　　1 罐组、建筑物、构筑物、管沟、泵区等的排水出口;

　　2 接收站的总排出口;

　　3 站内系统管网支干管与干管交汇处的支干管上;

4 管段长度超过300m的站内系统管网支干管、干管。

Ⅲ 海　　水

10.1.10 海水取水设施应近远期统一规划、分步实施；取水最低潮位保证率不应低于97%。

10.1.11 海水取水设施的设计规模宜按照工艺与消防的最大用水量之和确定。

10.1.12 取水头部、辅助设备、进水建(构)筑物设计应符合下列规定：

1 海水取水构筑物的型式应根据取水量和水质要求，结合海床地形、地质及冲淤特性、水深及潮位变化、泥沙及漂浮物、冰情、航运、施工条件等因素，通过技术经济比较确定；

2 在通航水道附近的取水构筑物应根据航运部门的要求设置标志；

3 在深水海岸，当岸边地质条件较好、风浪较小、泥沙较少时，宜采用岸边式取水方式；当海岸平缓时，宜采用自流引水管取水方式；

4 海水取水构筑物的进水孔宜设置格栅，栅条净间距应根据取水量大小、冰凌和漂浮物等情况确定；

5 取水构筑物的取水头部宜分设成两个或分成两格。

10.1.13 取水泵站设计应符合下列规定：

1 海水的工艺及消防取水泵宜集中布置；

2 工艺海水泵的配置应根据项目分期情况、气化器运行情况及数量等因素综合确定；海水泵的配置不宜多于2种，备用泵数量不宜少于1台，且备用泵能力宜与最大1台工作泵能力相同；

3 海水消防泵的设置应按本规范第11.3.2条的规定执行；

4 海水泵宜采用立式泵，设计工况下泵效率不宜低于85%；每台立式泵吸入口应设置单独的吸水导流板；

5 水泵进水流道应通过水工模型验证；

6 泵站设计宜进行停泵水锤计算，当停泵水锤压力值超过管

道试验压力值时,应采取消除水锤的措施;

7 海水泵及海水系统应设置防超压设施;

8 岸边式取水泵站进口室内地坪的设计标高,应为设计最高水位加浪高再加 0.5m,并应设置防止海浪爬高的设施;

9 当海水泵采用室内布置时,泵房高度应满足海水泵抽芯检修的要求;

10 海水泵站应设置电动起重设备;

11 宜在海水拦污设施前后及海水泵吸入口前等位置设置检修闸门,并应设置检修起重设备;

12 海水泵过流部件材质应耐海水腐蚀,宜选用双相不锈钢、超级双相不锈钢等耐海水腐蚀的材质;当露天布置时,海水泵外部材质应耐盐雾腐蚀;

13 海水泵进出水管道应采用耐海水腐蚀的材质,当采用金属管道时宜同时采用阴极保护措施;

14 泵站的其他设计要求应按现行国家标准《泵站设计规范》GB 50265 的有关规定执行。

10.1.14 海水输水主管的数量不宜少于 2 条,可根据工程的具体情况分期建设;当其中 1 条管道故障时,其余管道应能通过 70%的设计水量。

10.1.15 海水管道系统应进行瞬态流分析。

10.1.16 海水排放应符合下列规定:

1 宜采用自流排放,并对排放的海水进行余氯监测;

2 排水管、渠的材质应耐海水腐蚀。

10.1.17 海水水质处理应符合下列规定:

1 海水泵前应根据海水泥沙含量、漂浮物、海洋生物生长等情况,设置拦污栅、旋转滤网、清污机等拦污设施;拦污栅和旋转滤网的过栅(网)流速和阻塞面积应符合现行国家标准《室外给水设计规范》GB 50013 的有关规定;

2 应根据气化器对海水水质要求,设置必要的海水处理

设施;

3 防止和清除海生物宜采用加氯法,也可采用加碱法、机械刮除、电极保护等方法;

4 加氯点宜选择在取水头部、进水流道、取水前池、海水泵吸水口处投加,可根据海生物繁殖情况采用多点加氯或单点加氯;

5 加氯设施型式的选择应根据海水水质、杀菌剂的来源,通过技术经济比较确定;宜采用电解海水现场制备次氯酸钠的形式;

6 次氯酸钠宜采用连续投加,也可采用冲击投加;次氯酸钠的投加量宜通过试验或相似运行经验按最大用量确定;连续投加时排放口前管渠内的海水余氯宜为 0.3mg/l～0.5mg/l,冲击投加时,宜每天投加 1 次～3 次,排放口前宜控制水中余氯 0.3 mg/l～1.0mg/l,保持 2h～3h。

Ⅳ 污水处理

10.1.18 接收站的污水宜依托市政污水处理设施进行处理,当不具备依托条件时,可在站内设置污水处理设施;污水处理的设计水量宜按工艺(单元)连续小时排水量与间断小时排水量综合确定。

10.1.19 污水处理工艺可选用图 10.1.19 所示的处理工艺:

图 10.1.19 污水处理工艺

10.1.20 当处理后污水进行再生利用时,应按现行国家标准《污水再生利用工程设计规范》GB 50335 的有关规定执行;

10.1.21 污水总排放口处应设置水质监测和水量计量设施。

10.2 电 气

10.2.1 液化天然气接收站的电力负荷等级,应按现行国家标准《供配电系统设计规范》GB 50052 的有关规定,结合接收站功能定位、工艺流程及外输气用户特点以及中断供电所造成的损失和影响程度划分。

10.2.2 液化天然气接收站的电气设施的设计应符合现行国家标准《爆炸危险环境电力装置设计规范》GB 50058 的有关规定。

10.2.3 液化天然气接收站中工艺设备、天然气管道、液化天然气管道以及建、构筑物的防雷、防静电设计应按现行国家标准《石油化工装置防雷设计规范》GB 50650、《建筑物防雷设计规范》GB 50057 及现行行业标准《石油化工静电设计规范》SH 3097 的有关规定进行设计。

10.2.4 对于金属外罐的液化天然气储罐，其防雷设计应按现行国家标准《石油化工装置防雷设计规范》GB 50650 的规定进行设计；对于混凝土外罐的液化天然气储罐，其防雷设计应按现行国家标准《建筑物防雷设计规范》GB 50057 的有关规定进行设计。

10.2.5 码头的电气设计应按现行行业标准《液化天然气码头设计规范》JTS 165-5 的有关规定进行设计。

10.3 电　　信

10.3.1 液化天然气接收站宜设置行政电话系统、调度电话系统、无线对讲系统、计算机局域网络系统、扩音对讲系统、电视监视系统、周界报警系统、智能卡系统，各系统应按现行国家标准、行业标准设计。

10.3.2 调度电话系统设计应符合下列规定：

　　1 调度电话交换机重要控制设备应为双备份；

　　2 调度电话交换机应具有紧急热线直拨功能；

　　3 调度电话交换机宜留有与外输管线管理部门、上级管理中心、船岸电话通信的接口。

10.3.3 无线对讲系统应包括常规无线对讲系统和船岸无线对讲系统。常规无线对讲系统应保证接收站内无线对讲信号无盲区。

10.3.4 液化天然气储罐罐顶应安装扩音对讲系统话站及扬声器。

10.3.5 当使用扩音对讲系统作为消防应急广播时,消防控制中心的主控话站应有最高的控制等级。

10.3.6 智能卡系统软件宜具备区域人员统计功能。

10.4 分析化验

10.4.1 液化天然气接收站应对接收的液化天然气及外输天然气的组成、露点、硫含量、发热量进行分析。

10.4.2 液化天然气接收站应对海水排水、废水、废气和噪声等环境影响因素进行监测。

10.4.3 分析设备宜配置气相色谱仪、硫含量分析仪、露点仪、水质和环境监测仪器。

10.4.4 液化天然气接收站宜设置化验室。化验室宜设置色谱间、样品间和钢瓶间,钢瓶间应位于化验室外一层。

10.4.5 液化天然气和天然气的取样和分析方法应符合贸易计量要求。

10.4.6 用于贸易计量的天然气取样系统宜符合现行国家标准《天然气取样导则》GB/T 13609 的规定。

10.4.7 用于贸易计量的液化天然气取样系统宜符合现行国家标准《冷冻轻烃流体 液化天然气的取样 连续法》GB/T 20603 的规定。

10.5 建(构)筑物

10.5.1 生产及辅助生产建筑的设计应根据生产工艺的特点满足防火、防爆、抗爆、防腐蚀、防水、防潮、防雷、防静电、隔振、采光、通风、抗震等要求。

10.5.2 重要建筑物的耐火等级不应低于二级,一般建筑物的耐火等级不应低于三级。

10.5.3 建(构)筑物的防火设计应按现行国家标准《建筑设计防火规范》GB 50016 和《石油天然气工程设计防火规范》GB 50183

的有关规定执行。

10.5.4 蒸发气压缩机厂房应独立设置,建筑型式宜采用敞开式或半敞开式。

10.5.5 控制室宜根据爆炸风险分析评估结果进行抗爆设计或采取抗爆措施。抗爆设计应按现行国家标准《石油化工控制室抗爆设计规范》GB 50779 的有关规定执行。

10.5.6 建筑物的建设标准应结合建设地实际情况选择经济、环保、节能、适用的建筑材料和构造措施。

10.5.7 气化器基础、给水泵站、应急发电机房等生产设施宜采用钢筋混凝土框架结构;消防训练塔等附属用房宜采用多层钢筋混凝土框架结构;管架、再冷凝器框架等宜采用钢结构。

10.5.8 液化天然气罐区拦蓄堤、集液池和导液沟的设计应满足液化天然气泄漏后的低温工况要求,拦蓄堤尚应满足防火要求。

10.5.9 建(构)筑物的荷载取值与荷载组合应符合现行国家标准《建筑结构荷载规范》GB 50009 的规定。

10.5.10 建(构)筑物抗震设计应符合现行国家标准《石油化工建(构)筑物抗震设防分类标准》GB 50453 和《构筑物抗震设计规范》GB 50191 的规定。气化器基础的抗震设防类别宜为乙类。

10.5.11 混凝土结构的耐久性应符合现行国家标准《混凝土结构设计规范》GB 50010 的规定。

10.5.12 建(构)筑物及基础防腐应符合现行国家标准《工业建筑防腐蚀设计规范》GB 50046 的规定;长期受海水作用的气化器和海水泵房等结构宜符合现行行业标准《海港工程混凝土结构防腐蚀技术规范》JTJ 275 的规定。

10.6 采暖、通风与空调

10.6.1 液化天然气接收站内建筑物的采暖、通风及空气调节设计,除应符合本规范之外,还应符合现行国家标准《采暖通风与空气调节设计规范》GB 50019 和《民用建筑供暖通风与空气调节设计规范》GB 50736 的有关规定。

10.6.2 采暖设计应符合下列规定：

1 位于供暖室外计算温度小于或等于 0℃ 的生产建筑应设置集中采暖；

2 集中采暖热媒宜采用热水；

3 中央控制室、机柜间等建筑物应采用空调系统供暖，室内机宜配置带热水加热器或辅助电加热器；

4 房间的采暖室内计算温度，宜符合表 10.6.2 的规定。

表 10.6.2 房间的采暖室内计算温度

房 间 名 称	采暖室内计算温度（℃）
水泵房、消防泵房、压缩机厂房	5
消防车库	12
维修车间、卫生间、走廊	14
化验室、办公室、值班室、门卫室	18
浴室	25
浴室更衣室	25

5 散热器的选择应符合下列规定：

1) 化验室和办公室宜采用外形美观的散热器；

2) 海水泵房等有腐蚀性气体或者浴室等相对湿度较大的房间宜选用铸铁或其他耐腐蚀的散热器；

3) 蒸汽采暖系统不宜采用钢制薄壁型散热器。

10.6.3 通风设计应符合下列规定：

1 空压机房、海水泵房、消防水泵房和锅炉房等宜采用自然通风。当自然通风达不到要求时，可辅以机械通风或采用机械通风；

2 制氯间、滤网间等产生少量有害气体的房间应设置机械排风进行定期排风，冬季排风耗热量可不予补偿；

3 氮气压缩机房应设事故排风装置。事故排风机应与低氧浓度报警装置联锁,并应设置手动开启装置。事故排风机的手动开关应分别设置在室内和室外便于操作的地方。事故排风耗热量可不予补偿;

4 配电室应设置机械排风,排风量应按不小于6次/h换气计算。当机械通风不能维持室内最高温度要求时,应设置空调系统进行降温除湿。电缆夹层宜采用自然通风,当自然通风不能满足消除余热要求时,应设置机械通风;

5 锅炉房通风系统设计应符合现行国家标准《锅炉房设计规范》GB 50041的有关规定;

6 泡沫站宜设通风装置,通风量应按不小于6次/h换气计算;

7 消防车库、蓄电池室应设置机械排风装置,换气次数不应小于6次/h。

10.6.4 空气调节设计应符合下列规定:

1 当采用一般的采暖通风达不到对室内温度、湿度要求时,下列建筑物应设置空气调节:

    1)控制室、机柜间、通信设备等对室内温度和湿度要求较高的房间;

    2)配电室等对室内最高温度有要求的房间;

    3)办公室、化验室、门卫室等有舒适性要求的房间。

2 房间的空调室内计算温度、湿度宜符合表10.6.4的规定。

表10.6.4 房间的空调室内计算温度、湿度

房间名称	夏季		冬季	
	温度(℃)	湿度(%)	温度(℃)	湿度(%)
控制室、机柜间	26±2	50±10	20±2	50±10
化验室	26	—	20	>30%
办公室类房间	26	—	20	—
配电室	≤35	—	—	—

3 空气调节装置及制冷装置宜选用机电仪一体化设备;空调机宜选用电制冷空调机。

10.7 维修与备品备件

10.7.1 应对液化天然气接收站的主要维修工作和维修级别进行规定。

10.7.2 应配置液化天然气接收站设备的主要备品备件及其存储设施。

11 消　　防

11.1　一般规定

11.1.1　液化天然气接收站应根据接收站现场条件、火灾危险性、邻近单位或设施情况设置相适应的消防设施。

11.1.2　液化天然气接收站消防站的规模应根据接收站规模、固定消防设施设置情况以及邻近单位消防协作条件等因素确定。公共消防站距接收站在接到火灾报警后 30 分钟内应能够到达,且该消防站的装备应满足接收站消防要求,接收站可不单独设置消防站。

11.1.3　液化天然气接收站的消防设计除应符合本规范外,尚应符合现行国家标准《石油天然气工程设计防火规范》GB 50183 的规定。

11.2　消防给水系统

11.2.1　液化天然气接收站消防用水可由市政供水管网或天然水源提供。

11.2.2　当采用海水消防时,消防给水系统应符合下列规定:

　　1　消防给水系统宜采用消防时用海水、平时淡水保压的方式,并设置消防后淡水冲洗及放净设施;

　　2　海水消防系统的管道及设备材料应能够耐受海水腐蚀;

　　3　海水消防泵宜与其他海水泵统一布置,共用取水设施。

11.2.3　淡水消防水罐(池)宜与生产水罐(池)合并设置,水罐(池)宜设置消防车取水措施。

11.2.4　液化天然气接收站码头与陆域部分宜共用一套消防给水系统,消防给水系统供水能力应满足最大消防用水量及水压要求;

当码头和陆域部分分别采用独立的消防给水系统时,应分别满足码头、陆域部分的最大消防用水量及水压要求。供码头的消防给水管道可设置为一根,应保持充水状态;寒冷地区消防给水管道应设置防冻设施。

11.2.5 消防给水系统宜进行瞬态流分析。

11.2.6 液化天然气接收站陆域部分的消防给水系统应为稳高压系统,其压力宜为 0.7MPa(G)～1.2MPa(G)。

11.2.7 接收站液化天然气储罐区、工艺装置区、槽车装车区消防给水管网应为环状布置,环状管网的进水管不应少于2条;当某个环段发生事故时,独立的消防供水管道的其余环段应能满足100%的消防用水量的要求;环状管道应用阀门分成若干独立管段,每段消火栓的数量不宜超过5个。

11.2.8 消火栓的数量及位置应按其保护半径及被保护对象的消防用水量等综合计算确定,并应符合下列规定:

　　1 消火栓的保护半径不应超过120m;

　　2 罐区及工艺装置区的消火栓应在其四周道路边设置,消火栓的间距不宜超过60m。

11.2.9 消防水量确定应符合下列规定:

　　1 接收站同一时间内的火灾处数应按一处考虑;接收站陆域部分消防用水量应为同一时间内各功能区发生单次火灾所需最大消防用水量加上60L/s的移动消防水量;码头部分的消防用水量应为其火灾所需最大消防用水量加上60L/s的移动消防水量;

　　2 预应力混凝土全容罐罐顶的固定水喷雾系统,检修通道处的供水强度不应小于 $10.2L/min·m^2$,罐顶泵出口、仪表、阀门、安全阀平台的供水强度不应小于 $20.4L/min·m^2$;

　　3 单容罐、双容罐和外罐为钢质的全容罐,其消防用水量应按着火罐和距着火罐1.5倍直径范围内邻近罐的固定消防冷却用水量之和计算;着火罐的冷却面积应为罐顶和罐壁面积,邻近罐的冷却面积应为罐顶和半个罐壁面积,罐壁冷却水供给强度不应小

于 2.5L/min·m²,罐顶冷却水强度不应小于 4L/min·m²;

4 码头逃生通道的水喷雾冷却水系统冷却供水强度不宜小于 10.2L/min·m²;码头操作平台前沿的水幕系统供水强度不应小于 2.0L/s·m;

5 辅助生产设施的消防用水量可按 60L/s 计算;

6 建筑物的消防水量计算应按现行国家标准《建筑物设计防火规范》GB 50016 的有关规定执行。

11.2.10 接收站工艺装置区、槽车装车区的火灾延续供水时间不应小于 3h;液化天然气储罐区火灾延续供水时间不应小于 6h;辅助生产设施火灾延续供水时间不应小于 2h;码头火灾延续供水时间不应小于 6h。

11.3 消防设施

11.3.1 液化天然气接收站消防车辆的车型应根据被保护对象选择,宜设置高喷车和高倍数泡沫干粉联用消防车。

11.3.2 消防水泵的设计应符合下列规定:

1 消防水泵应采用自灌式引水系统;

2 消防水泵应设双动力源,消防泵不宜全部采用柴油机作为消防动力源;

3 当采用海水消防时,泵宜采用立式消防泵;

4 消防水泵、稳压泵应分别设置备用泵,备用泵的能力不得小于最大一台泵的能力,消防水备用泵应选用柴油机消防泵。

11.3.3 预应力混凝土全容罐的罐顶泵出口、仪表、阀门、安全阀平台及检修通道处应设置固定水喷雾系统;单容罐、双容罐和外罐为钢质的全容罐罐顶和罐壁应设置固定消防冷却水系统,罐顶平台重要阀门和设备法兰接口应设水喷雾喷头保护,罐顶和罐壁的固定消防冷却水系统应分开设置。

11.3.4 码头高架消防水炮、水喷雾系统、水幕系统设计应符合下列规定:

1 码头应配置不少于 2 台固定式远控高架消防水炮；

2 码头逃生通道应设置水喷雾冷却水系统；

3 在码头操作平台前沿应设置水幕系统，水幕系统水平方向覆盖范围应不小于工作平台长度。

11.3.5 集液池应设置固定式高倍数泡沫灭火系统，高倍数泡沫灭火系统应按现行国家标准《泡沫灭火系统设计规范》GB 50151 的有关规定执行。

11.3.6 干粉灭火系统应符合下列规定：

1 液化天然气储罐罐顶安全阀处宜设置固定式自动干粉灭火装置，罐顶固定式自动干粉灭火装置应按现行国家标准《干粉灭火系统设计规范》GB 50347 的有关规定设计；

2 码头应设置干粉炮系统，槽车装车区宜设置干粉炮系统，干粉量应经过计算确定，且喷射量不应小于 2000kg，干粉炮系统应按现行国家标准《固定消防炮灭火系统设计规范》GB 50338 的有关规定设计。

11.3.7 移动灭火器应符合下列规定：

1 接收站内设置的单个灭火器的规格宜按表 11.3.7 选用。

表 11.3.7 灭火器的规格

灭火器类型	干 粉		二 氧 化 碳	
	手提式	推车式	手提式	推车式
灭火剂充装量(kg)	6 或 8	20 或 50	5 或 7	30

2 接收站手提式干粉型灭火器的选型及配置应符合下列规定：

1) 扑救可燃气体火灾宜选用钠盐干粉灭火剂；
2) 工艺装置、储罐顶部平台、槽车装车、码头等处灭火器的最大保护距离不宜超过 9m；
3) 每一配置点的灭火器数量不应少于 2 个，多层构架应分层配置；
4) 危险的重要场所宜增设推车式灭火器。

3 建筑物部分应按现行国家标准《建筑灭火器配置规范》GB 50140的有关规定执行。

11.4 耐火保护

11.4.1 下列承重钢结构应采取耐火保护措施：

1 单个容积等于或大于$5m^3$的液化天然气、甲、乙A类设备的承重钢构架、支架、裙座；

2 工艺装置区和液化天然气储罐区的主管廊的钢管架；

3 火灾危险性分析所明确的其他应进行耐火保护设备的承重钢构架、支架、裙座，以及管廊的钢管架。

11.4.2 承重钢结构的耐火保护部位应包括下列内容：

1 支承设备钢构架的耐火保护部位应包括下列内容：

1）单层构架的梁、柱；

2）多层构架的楼板为透空的钢格板时，地面以上10m范围的梁、柱；

3）多层构架的楼板为封闭式楼板时，地面至该层楼板面及其以上10m范围的梁、柱。

2 支承设备钢支架。

3 钢裙座外侧未保温部分及直径大于1.2m的裙座内侧。

4 钢管架的耐火保护部位应包括下列内容：

1）底层支撑管道的梁、柱；地面以上9m内的支撑管道的梁、柱；

2）上部设有空气冷却器的管架，其全部梁、柱及承重斜撑；

3）下部设有液化烃或可燃液体泵的管架，地面以上10m范围的梁、柱。

11.4.3 承重钢结构的耐火防护部位应覆盖适用于烃类火灾的耐火层，覆盖耐火层的钢构件，其耐火极限不应低于2h。

11.4.4 承重钢结构的耐火保护应符合现行行业标准《石油化工钢结构防火保护技术规范》SH 3137的有关规定。

11.5 气体检测及火灾报警

11.5.1 液化天然气接收站应设置可燃气体检测和火灾自动报警系统,并应符合下列规定:

    1 在可能出现液化天然气泄漏形成积液的地点应设置低温检测报警装置;

    2 在工艺区、储罐区可能出现喷射火的地点应设置火焰检测报警装置;

    3 工艺设施及液化天然气储罐四周道路路边应设置手动火灾报警按钮,其间距不宜大于100m;

    4 重要的火灾危险场所应设置电视监视系统和消防应急广播;

    5 接收站控制室、生产调度中心应设置与消防站直通的专用电话。

11.5.2 可燃气体检测报警装置的设置应符合现行国家标准《石油化工可燃气体和有毒气体检测报警设计规范》GB 50493 的有关规定。

11.5.3 火灾自动报警系统的设计应符合现行国家标准《火灾自动报警系统设计规范》GB 50116 的有关规定。

12 安全、职业卫生和环境保护

12.1 安　　全

12.1.1 液化天然气接收站安全设计应开展风险分析，其内容应包括过程危险源分析、量化风险分析、安全仪表系统的安全完整性等级分析。

12.1.2 液化天然气接收站的安全设计应符合下列规定：

　　1 液化天然气接收区域布置与站内布置应符合本规范第3、4章节相关规定；

　　2 液化天然气接收站应设置紧急停车系统；

　　3 液化天然气储罐应配备压力泄放和真空破除措施；

　　4 液化天然气接收站的爆炸危险区划分应符合现行国家标准《爆炸危险环境电力装置设计规范》GB 50058 的有关规定。

12.1.3 天然气及液化天然气管道上的紧急切断阀应选用耐火型阀门。

12.1.4 紧急排放的天然气及液化天然气宜排入火炬或安全放空系统，直排大气时，安全排放高度和位置应根据天然气扩散后果模拟确定。储罐罐顶安全阀的尾管高度和位置还应根据尾管排放气可能出现的喷射火热辐射影响范围进行核算。

12.1.5 液化天然气接收站应设置泄漏收集系统。泄漏收集系统的设计应符合下列规定：

　　1 码头区、储罐区、装车区和工艺装置区应设置泄漏收集系统；

　　2 泄漏收集系统的导液沟和集液池应为开敞式设计；

　　3 集液池应能承受所收集的液化天然气的全部静压头，且不应渗漏，还应承受液化天然气快速冷却、火灾、地震、风、雨的影响；

4 泄漏收集系统应设置雨水排水设施及防止泄漏的液化天然气进入雨水系统的措施;

5 泄漏收集系统的设计泄漏量、集液池的隔热距离和扩散隔离区的计算应符合现行国家标准《石油天然气工程设计防火规范》GB 50183 的有关规定。

12.1.6 液化天然气接收站低温设备及管道应根据设计温度选取耐低温材料和保冷措施,并对可能承受低温冷溅危害的重要设备、管道和承重构件采取防护措施。

12.1.7 液化天然气接收站的抗震设防、防高空坠落、防淹溺、防噪声、防非电离辐射与电离辐射等方面应满足下列要求:

1 建、构筑物的抗震设防应按现行国家标准《建筑抗震设计规范》GB 50011 的有关规定执行;液化天然气储罐抗震设防还应包括 OBE、SSE 和 ALE 的作用;

2 高处作业场所应设置护栏;

3 在码头、栈桥上可能发生落水危险的地点应设置警示标志和救生设施;

4 噪声控制应按现行国家标准《工业企业噪声控制设计规范》GB/T 50087 的有关规定执行。

5 防非电离辐射与电离辐射应按现行国家标准《工业企业设计卫生标准》GBZ 1 的有关规定执行。

12.1.8 液化天然气接收站应能够抵御台风、寒潮、洪水、海雾等自然灾害和沉降、塌方等地质灾害。

12.1.9 液化天然气接收站安全标志的设置及安全色应符合下列规定:

1 易发生火灾、爆炸、中毒、灼伤、淹溺等事故的危险场所和设备,以及需要提醒操作人员注意的地点,应按现行国家标准《安全标志及其使用导则》GB 2894 的有关规定设置安全标志;

2 需要迅速发现并引起注意以防发生事故的场所、部位应按现行国家标准《安全色》GB 2893 的有关规定涂安全色;

3 管道刷色和符号应符合现行国家标准《工业管路的基本识别色和识别符号和安全标识》GB 7231 的有关规定。

12.1.10 液化天然气接收站应配置正压式空气呼吸器、便携式可燃气体检测报警仪和便携式低氧浓度检测报警仪。

12.1.11 液化天然气接收站安保应设置围墙，并宜设置安全防范报警系统。

12.1.12 液化天然气接收站应设置人员应急疏散通道和消防通道。

12.1.13 液化天然气接收站的照明设计应满足事故应急照明和安保照明的要求。

12.1.14 液化天然气接收站可能出现氮气窒息环境的封闭厂房应设置固定式低氧浓度检测报警仪。

12.2 职业卫生

12.2.1 液化天然气接收站的车间特征卫生分级应定为三级，其建筑卫生设计应符合国家现行标准《工业企业设计卫生标准》GBZ 1 的有关规定。

12.2.2 液化天然气接收站防低温冻伤、防窒息、防噪声、防化学品腐蚀的职业安全防护设施及个人防护设施的配置除应满足本规范第 12.1 节相关要求外，还应符合国家现行标准《工业企业设计卫生标准》GBZ 1 的有关规定。

12.2.3 液化天然气接收站工程的职业卫生防护标识应符合现行国家标准《工作场所职业病危害警示标识》GBZ 158 的有关规定。

12.3 环境保护

12.3.1 液化天然气接收站污水应根据污水量、水质情况及环保部门要求合理确定处理工艺和排放方案，达标排放，不得对外环境造成污染。

12.3.2 液化天然气接收站排放废气应符合国家、行业及地方排放标准及当地污染物排放总量指标的规定。

12.3.3 液化天然气接收站产生的固体废物应按性质分类处置，不得对外环境造成二次污染。

12.3.4 液化天然气接收站内宜配备环境监测设施，也可依托社会力量。

附录 A 气体排放量计算

A.0.1 火灾过程中的气体排放量计算可按现行国家标准《液化天然气(LNG)生产、储存和装运》GB/T 20368 的有关规定执行。

A.0.2 充装过程中的气体排放量可按下列公式计算：

$$G_A = G_L + G_F \quad (A.0.2-1)$$

$$G_L = V_L \rho \quad (A.0.2-2)$$

$$G_F = FG \quad (A.0.2-3)$$

$$F = 1 - \exp\left[\frac{c(T_2 - T_1)}{L}\right] \quad (A.0.2-4)$$

式中：G_A——充装过程中的气体排放量(kg/h)；

G_L——充装过程置换产生的气体量(kg/h)；

G_F——充装过程闪蒸产生的气体量(kg/h)；

V_L——充装储罐时的最大体积流量(m^3/h)；

ρ——充装温度和压力条件下，罐顶气相的密度(kg/m^3)；

F——液体瞬时气化分率；

G——充装流量(kg/h)；

C——流体的热容[J/(K·kg)]；

T_2——罐压力下流体的沸点温度(K)；

T_1——流体膨胀前的温度(K)；

L——流体汽化潜热(J/kg)。

A.0.3 大气压变化引起的气体排放量可按下列公式计算：

$$G_A = V_{AG}\rho + G_{AL} \quad (A.0.3-1)$$

$$V_{AG} = \frac{V}{P} \cdot \frac{dp}{dt} \quad (A.0.3-2)$$

$$G_{AL} = G_{A2} - G_{A1} \quad (A.0.3-3)$$

$$G_{AL} = G_{A1} - G_{A2} \quad (A.0.3-4)$$
$$G_{A2} = K(P_S + \Delta P)^{4/3} A \quad (A.0.3-5)$$
$$G_{A2} = K(P_S - \Delta P)^{4/3} A \quad (A.0.3-6)$$
$$G_{A1} = K P_S^{4/3} A \quad (A.0.3-7)$$

式中：G_A——大气压变化引起的气体排放流量(kg/h)；

V_{AG}——蒸发气膨胀产生的气体量(m³/h)；

ρ——储罐实际温度和压力条件下，罐顶气相的密度(kg/m³)；

G_{AL}——液体过热产生的气体量(kg/h)；

V——储罐最大的气体体积(m³)；

P——绝对操作压力(Pa)；

$\dfrac{dp}{dt}$——大气压变化率的绝对值(Pa/h)；

G_{A1}——储罐正常的蒸发量(kg/h)；

G_{A2}——大气压变化后储罐正常的蒸发量(kg/h)；

K——2.55×10^{-5}(kg/h/m²/(Pa)^{4/3})；

P_S——储罐过热液体所对应的饱和压力与实际气相压力之差(Pa)；

ΔP——大气压小时变化量(Pa)；

A——储罐的截面积(m²)。

注：当大气压降低时，采用公式(A.0.3-3)、公式(A.0.3-5)；大气压升高时，采用公式(A.0.3-4)、公式(A.0.3-6)。大气压变化率应采用当地数据。没有当地数据时，可假设大气压变化率为2000 Pa/h。

A.0.4 泵冷循环过程，假设泵的全部能量均转化为液体的动能，可按下式计算：

$$G_R = Q/L \quad (A.0.4)$$

式中：G_R——泵冷循环过程产生的气体量(kg/h)；

Q——泵的能量(J/h)；

L——流体气化潜热(J/kg)。

A.0.5 控制阀失灵引起的气体排放量可按充装阀门或补气阀在

全开位置的流量进行计算。

A.0.6 由翻滚引起的气化量应使用合适有效的数学模型计算。在无数学模型可用的情况下,翻滚时的流量可按下式计算：

$$G_B = 100 G_T \tag{A.0.6}$$

式中：G_B——翻滚时产生的气体量(kg/h)；

G_T——正常蒸发的气体量(kg/h)。

A.0.7 补充气体的体积流量应不小于泵抽出的最大体积流量,可按所有罐内泵均在运行工况进行计算。

A.0.8 补充气体的体积流量应不小于蒸发气压缩机抽出的最大流量,可按所有蒸发气压缩机均在运行工况进行计算。

附录B 液化天然气储罐罐型示意图

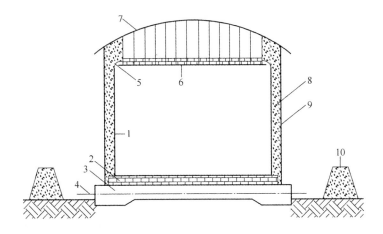

图B.1 单容罐示意图

1—低温钢质内罐;2—罐底保冷层;3—基础;4—基础加热系统;5—挠性保冷密封;
6—吊顶(保冷层);7—常温钢质罐顶;8—松散的保冷填料;
9—常温钢质外罐(不能盛装液化天然气);10—拦蓄堤

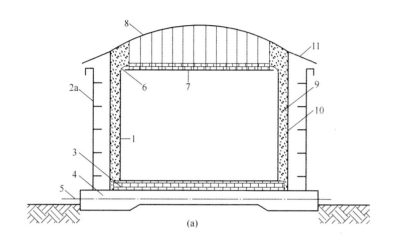

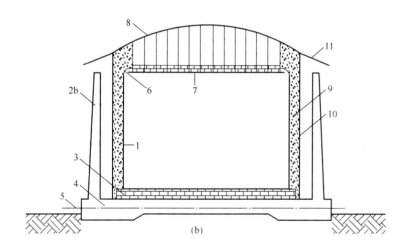

图 B.2 双容罐示意图

1—低温钢质内罐;2a—低温钢质外罐;2b—预应力混凝土;3—罐底保冷层;4—基础;
5—基础加热系统;6—挠性保冷密封;7—吊顶(保冷层);8—常温钢质罐顶;
9—松散的保冷填料;10—常温钢质外罐(不能盛装液化天然气);11—顶盖(挡雨板)

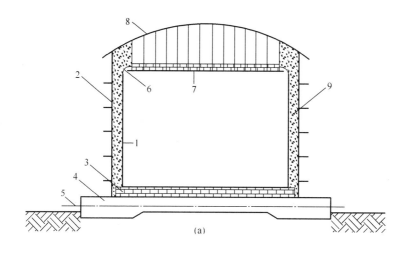

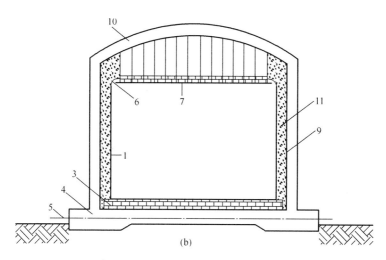

图 B.3 全容罐示意图

1—低温钢质内罐;2—低温钢质外罐;3—罐底保冷层;4—基础;5—基础加热系统;
6—挠性保冷密封;7—吊顶(保冷层);8—常温钢质罐顶;9—松散的保冷填料;
10—混凝土罐顶;11—预应力混凝土外罐

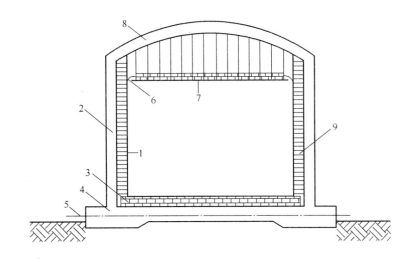

图 B.4 薄膜罐示意图

1—低温钢质内罐;2—预应力混凝土外罐;3—罐底保冷层;4—基础;5—基础加热系统;
6—挠性保冷密封;7—吊顶(保冷层);8—混凝土罐顶;9—混凝土外罐内侧保冷层

本规范用词说明

1 为便于在执行本规范条文时区别对待,对要求严格程度不同的用词说明如下:
  1)表示很严格,非这样做不可的:
    正面词采用"必须",反面词采用"严禁";
  2)表示严格,在正常情况下均应这样做的:
    正面词采用"应",反面词采用"不应"或"不得";
  3)表示允许稍有选择,在条件许可时首先应这样做的:
    正面词采用"宜",反面词采用"不宜";
  4)表示有选择,在一定条件下可以这样做的,采用"可"。
2 条文中指明应按其他有关标准执行的写法为:"应符合……的规定"或"应按……执行"。

引用标准名录

《建筑结构荷载规范》GB 50009
《混凝土结构设计规范》GB 50010
《建筑抗震设计规范》GB 50011
《室外给水设计规范》GB 50013
《室外排水设计规范》GB 50014
《建筑设计防火规范》GB 50016
《采暖通风与空气调节设计规范》GB 50019
《岩土工程勘察规范》GB 50021
《锅炉房设计规范》GB 50041
《工业建筑防腐蚀设计规范》GB 50046
《供配电系统设计规范》GB 50052
《建筑物防雷设计规范》GB 50057
《爆炸危险环境电力装置设计规范》GB 50058
《工业企业噪声控制设计规范》GB/T 50087
《火灾自动报警系统设计规范》GB 50116
《高耸结构设计规范》GB 50135
《建筑灭火器配置规范》GB 50140
《泡沫灭火系统设计规范》GB 50151
《石油天然气工程设计防火规范》GB 50183
《工业企业总平面设计规范》GB 50187
《构筑物抗震设计规范》GB 50191
《输气管道工程设计规范》GB 50251
《工业设备及管道绝热工程设计规范》GB 50264
《泵站设计规范》GB 50265

《污水再生利用工程设计规范》GB 50335
《固定消防炮灭火系统设计规范》GB 50338
《立式圆筒形钢制焊接油罐设计规范》GB 50341
《干粉灭火系统设计规范》GB 50347
《石油化工建(构)筑物抗震设防分类标准》GB 50453
《石油化工可燃气体和有毒气体检测报警设计规范》GB 50493
《石油化工装置防雷设计规范》GB 50650
《民用建筑供暖通风与空气调节设计规范》GB 50736
《石油化工控制室抗爆设计规范》GB 50779
《低温环境混凝土应用技术规范》GB 51081
《压力容器》GB 150.1～GB 150.4
《安全色》GB 2893
《安全标志及其使用导则》GB 2894
《工业管路的基本识别色和识别符号和安全标识》GB 7231
《天然气取样导则》GB/T 13609
《固定式真空绝热深冷压力容器》GB/T 18442
《液化天然气(LNG)生产、储存和装运》GB/T 20368
《冷冻轻烃流体 液化天然气的取样 连续法》GB/T 20603
《压力管道规范 工业管道》GB/T 20801.1～GB/T 20801.6
《现场组装立式圆筒平底钢质液化天然气储罐的设计与建造》
GB/T 26978.1～GB/T 26978.5
《工业企业设计卫生标准》GBZ 1
《工作场所职业病危害警示标识》GBZ 158
《城镇燃气加臭技术规程》CJJ/T 148
《承压设备无损检测 第2部分 射线检测》JB/T 4730.2
《承压设备无损检测 第3部分 超声检测》JB/T 4730.3
《承压设备无损检测 第4部分 磁粉检测》JB/T 4730.4
《承压设备无损检测 第5部分 渗透检测》JB/T 4730.5
《海港工程混凝土结构防腐蚀技术规范》JTJ 275

《液化天然气码头设计规范》JTS 165－5
《石油化工设备和管道绝热工程设计规范》SH 3010
《石油化工金属管道布置设计规范》SH 3012
《石油化工设备和管道涂料防腐蚀设计规范》SH/T 3022
《石油化工给水排水管道布置设计规范》SH 3034
《石油化工管道柔性设计规范》SH 3041
《石油化工静电设计规范》SH 3097
《石油化工钢结构防火保护技术规范》SH 3137
《石油化工仪表系统防雷工程设计规范》SH/T 3164
《固定式压力容器安全技术监察规程》TSG R0004

中华人民共和国国家标准

液化天然气接收站工程设计规范

GB 51156-2015

条文说明

制 订 说 明

《液化天然气接收站工程设计规范》GB 51156—2015，经住房城乡建设部 2015 年 11 月 12 日以第 951 号公告批准发布。

本规范制定过程中，编制组进行了深入的调查研究，总结了我国液化天然气接收站工程建设的实践经验，同时参考了国外相关标准及规范的技术内容。

为便于广大设计、施工、科研、学校等单位有关人员在使用本规范时能正确理解和执行条文规定，《液化天然气接收站工程设计规范》编制组按章、节、条顺序编制了本规范的条文说明，对条文规定的目的、依据以及执行中需注意的有关事项进行了说明，还着重对强制性条文的强制性理由作了解释。但是，本条文说明不具备与规范正文同等的法律效力，仅供使用者作为理解和把握规范规定的参考。

目 次

3 站址选择 ……………………………………………（93）
4 总图与运输 …………………………………………（95）
　4.1 总平面布置 ……………………………………（95）
　4.2 竖向设计 ………………………………………（104）
　4.3 道路设计 ………………………………………（105）
5 工艺系统 ……………………………………………（108）
　5.1 一般规定 ………………………………………（108）
　5.2 卸船与装船 ……………………………………（108）
　5.3 储存 ……………………………………………（109）
　5.5 输送 ……………………………………………（110）
　5.6 气化 ……………………………………………（110）
　5.9 火炬和排放 ……………………………………（111）
6 设　　备 ……………………………………………（113）
　6.1 容器 ……………………………………………（113）
　6.2 装卸臂 …………………………………………（113）
　6.3 气化器 …………………………………………（113）
　6.4 泵 ………………………………………………（114）
7 液化天然气储罐 ……………………………………（115）
　7.1 一般规定 ………………………………………（115）
　7.3 预应力混凝土外罐 ……………………………（117）
　7.4 储罐保冷 ………………………………………（118）
　7.5 检验与试验 ……………………………………（118）
　7.7 场地、地基和基础 ……………………………（118）
8 设备布置与管道 ……………………………………（121）

8.1	设备布置	(121)
8.2	管道布置	(121)
8.3	管道材料	(122)
8.4	管道应力分析	(122)
8.5	管道绝热与防腐	(123)

9 仪表及自动控制 …………………………………… (124)
   9.2 过程检测仪表 ………………………………… (124)
   9.3 仪表安装及防护 ……………………………… (124)
   9.4 成套设备仪表设置 …………………………… (124)

10 公用工程与辅助设施 …………………………… (125)
   10.1 给排水与污水处理 ………………………… (125)
   10.2 电气 ………………………………………… (126)
   10.3 电信 ………………………………………… (127)
   10.4 分析化验 …………………………………… (128)
   10.5 建(构)筑物 ………………………………… (128)
   10.6 采暖、通风与空调 …………………………… (129)

11 消　防 …………………………………………… (130)
   11.2 消防给水系统 ……………………………… (130)
   11.3 消防设施 …………………………………… (130)
   11.4 耐火保护 …………………………………… (131)

12 安全、职业卫生和环境保护 …………………… (132)
   12.1 安全 ………………………………………… (132)
   12.2 职业卫生 …………………………………… (135)
   12.3 环境保护 …………………………………… (135)

附录 A　气体排放量计算 …………………………… (137)

3 站址选择

3.0.3 液化天然气接收站站址应根据液化天然气码头的位置及陆域面积确定,不仅应有合适的码头用于接卸液化天然气,而且码头后方陆域应有合适面积的场地用于布置液化天然气接收站的设施。码头的位置根据港口总体规划、船舶通航条件等确定。

3.0.4 为应对液化天然气泄漏、火灾、爆炸等严重事故,液化天然气接收站应能够设置道路与周边道路连接,确保人员顺利疏散,还可考虑空中、海上交通方式进行人员疏散。

3.0.6 公路系指国家、地区、城市以及除液化天然气接收站内道路以外的公用道路,这些公路均有公共车辆通行,甚至液化天然气接收站专用的站外道路也会有站外的汽车、拖拉机、行人等通行。如果公路穿行液化天然气接收站,会给防火、安全管理、保卫工作带来很大隐患。

地区架空电力线电压等级一般为35kV以上,若穿越液化天然气接收站,一旦发生倒杆、断线或导线打火等意外事故,便有可能影响生产并引发火灾造成人员伤亡和财产损失。反之,液化天然气接收站内一旦发生火灾或爆炸事故,对架空电力线也有威胁。

地区输油(输气)管道系指与液化天然气接收站生产无关的输油管道、输气管道。此类管道若穿越液化天然气接收站,其生产管理与液化天然气接收站的生产管理相互影响,且一旦泄漏或发生火灾会对液化天然气接收站造成威胁。同样,液化天然气接收站发生火灾爆炸事故也会对输油、输气管道造成影响。

3.0.9 本条从地质状况和需要重点保护的区域方面规定了不适

合液化天然气接收站选址的地区和区段。1～3款主要考虑这类地质状况不良、条件不好的地区发生地质灾害或遭遇洪水灾害的可能性大,因此应避免在此类地区建设液化天然气接收站。

4 总图与运输

4.1 总平面布置

Ⅰ 一般规定

4.1.1 液化天然气接收站总平面布置是依据港区总体岸线规划确定的码头、栈桥位置进行设计的。先有码头,后有陆域。两者紧密联系,互为条件。总平面布置要符合码头、栈桥、陆域总体布置的要求。

接收站总平面布置时,应根据不同生产规模、工艺流程和接收站的组成,生产特点和相互关系,明确功能分区,结合运输方式和自然条件,合理地布置生产设施、辅助生产及公用工程设施、运输设施、行政办公及生活服务设施的相对位置,做到生产流程通顺短捷、运输便利、低温管线最短,从而提高接收站的经济效益,为接收站创造安全生产、管理先进、环境良好的条件。

因此,总平面布置应根据本条规定的各项因素,统筹布置各项设施的位置,经方案比较,择优确定。

在尚无港区和开发区总体规划的区域内进行总平面布置时,其布置应根据当地自然条件,厂外设施的联系与协调,环境保护等因素,因地制宜地进行总平面布置。

4.1.2 按功能分区布置是接收站总平面布置的基本原则之一。按照接收站生产的特点,接收站一般分为工艺区、液化天然气储罐区、火炬区、槽车装车区、公用工程及辅助生产区、外输计量区、行政办公及生活服务区、海水取排水区、码头区。对公用工程及辅助生产设施按具体条件,宜单独成区布置,一般宜布置在负荷中心或生产装置附近。

工艺区是指完成液化天然气增压、气化等过程的工艺设备及设施组成的区域,设备、设施如液化天然气增压泵、蒸发气压缩机、再冷凝器、气化器及其附属设施。

为减少在生产过程中泄漏或散发的天然气对人员的直接危害和产生安全事故,应充分利用当地自然条件,根据全年最小频率风向进行布置。

4.1.4 总平面布置应结合站内、外环境条件进行研究,使平面布置与立体空间相协调,为接收站创造良好的环境。

4.1.5 行政办公及生活服务设施,应按其性质和使用功能分别合并建筑。设计成大体量的综合建筑物,既有利于节约用地,又能美化厂容厂貌。

4.1.6 重要建筑物、构筑物(如压缩机厂房、工艺设备)、液化天然气储罐,荷载大、危险性大,布置在土质均匀、承载力较大的地段,可节省基础工程费用,且可避免因产生不均匀沉降酿成事故。

4.1.7 生产及辅助生产建筑物,应在生产流程、防火、安全及卫生许可时,宜合并建筑或采用联合厂房,以达到集中布置、缩短管线、节约用地的目的。

4.1.8 噪声是影响环境质量的污染源之一,能引起耳聋、诱发多种疾病、降低工作效率,甚至会因此酿成事故。因此,合理的总平面布置是控制噪声的有效手段,应把海水取水泵房、生产给水泵房等产生环境噪声污染的设施,宜相对集中布置,并应远离人员集中和有安静要求的场所。

4.1.9 当接收站采用阶梯式竖向布置时,若液化天然气罐组布置在高于工艺装置区、接收站重要设施(发生火灾时,影响火灾扑救或可能造成重大人身伤亡的设施)或人员集中场所的阶梯上,将造成可能泄漏的液化天然气漫流到下一个阶梯,易发生火灾事故。因此,储存液化天然气的储罐应尽量布置在较低的阶梯上。如因受地形限制或有工艺要求时,液化天然气储罐也可布置在竖向设计中较高的阶梯上,但为了确保安全,应采取防止泄漏的液体流入工艺区、接收站重要设施或人员集中场所的措施。如阶梯上的罐组可设防低温的钢筋混凝土防火堤或土堤;防火堤内有效容积不小于一台最大储罐的容量;罐区周围可采用路堤式道路等措施。

4.1.10 接收站改建或扩建时,受到的限制条件和需要考虑的因素较多,应重点考虑生产与扩建的协调和衔接,减少扩建期间对正常生产的影响,同时要兼顾扩建后接收站生产管理的方便。

4.1.11 随着技术进步和生产力的发展,接收站的改建和扩建是不可避免的。如何利用接收站的预留发展用地,解决改建、扩建用地问题是总平面布置的一项重要任务。为此,本条做了3款规定:

1 "分期建设的工厂"是指前、后期项目启动间隔时间不长,为使前期工程尽快建成投产,形成生产能力,减少前期工程的投资及用地,应将前期工程建设项目集中紧凑布置,为后期工程留有较多的扩建用地。且布置时应与后期工程互相协调,为后期工程创造良好的建设条件,并应避免后期工程的施工影响前期工程的生产。

2 严格控制街区内预留发展用地,是使接收站用地避免早征迟用、征而不用的重要措施。若必须在街区内预留时,应有可靠的扩建依据,如分期建设的控制室、变(配)电站等扩建端的预留地。

3 冷能利用区是利用液化天然气中蕴藏的大量冷量的设施或装置的区域。在天然气液化过程中蕴藏着大量的低温能量,在接收站工程气化生产中可部分回收利用,冷能的利用可降低气化生产对周边环境的影响。低温能量的开发和综合利用,提高了资源的利用率,体现了循环经济的理念,符合国家节能减排、环保、发展循环经济的要求。

冷能可采用直接或间接的方法加以利用。直接利用有冷能发电、空气液化分离(液氧、液氮)、液化碳酸、液化二氧化碳(干冰)、空调等;间接利用有冷冻食品,低温粉碎废弃物处理,冻结保存,低温医疗,食品保存等。

随着液化天然气产业的发展,冷能利用将实现商业化,根据现在冷能利用的运营模式,其经营及管理多与接收站分开设置,冷能利用预留区可位于接收站边缘以围墙分割,便于自主经营管理和方便运输。

4.1.12 接收站通道是连接街区并且为设置接收站主干道、管廊、管线的地带。通道过宽,会加大接收站用地面积,且增加道路长度和管线长度;通道过窄,则不能满足设施的布置要求,难以保证安全间距的要求,也会给改、扩建工程带来困难。因此对于通道宽度本条做了3款规定:

1 本款规定了通道宽度应符合防火、安全、卫生等防护距离要求。安全防护距离是防止事故,控制事故范围,减少事故对相邻街区的影响,保证安全生产的最小距离。该距离应按现行的国家标准确定。

2 本款规定了通道宽度应满足通道内各种设施的布置要求。确定通道内各种管线、设施的位置、运输线路、竖向设计的要求时,应全面考虑,合理安排,采用规定的较小距离进行布置,并为发展新的管线留有余地。

3 通道宽度亦应考虑施工开挖管沟、安装及检修操作的便利条件。

4.1.13 本条列出了接收站绿化设计应遵循的基本原则,接收站的绿化设计与其他工厂的绿化原则相同,应根据接收站的生产特点布置绿化用地。以达到既不影响生产安全,又起到绿化美化的作用。对于接收站绿地指标,根据国土资源部2008年2月19日颁发的《关于发布和实施〈工业项目建设用地控制指标〉的通知》中规定"工业企业内部……绿地率不得超过20%"。根据国家工程建设标准强制性条文石油和化工建设工程部分绿化设计的规定:厂区绿化用地系数不应小于12%。

4.1.14 接收站运输是整个生产过程中的重要组成部分,运输线路的布置影响着街区的划分和用地面积。因此,运输线路的布置是总平面布置应考虑的重要因素。本款规定是对运输线路布置的基本要求,以保证物料运输线路顺畅、短捷,尽量避免逆向和迂回。

合理组织接收站货流、人流,减少相互交叉,是杜绝交通运输事故,保证安全生产的重要措施。接收站货流、人流的线路布置一般应从两个不同方向进入,以利于货流和人流组织。

Ⅱ 生产设施布置

4.1.16 生产设施包括工艺装置和外输计量设施。生产设施是接收站的主体,为使物料流向合理、低温管线短捷、利于生产操作及管理,宜集中布置在一个街区、同台阶布置或相邻街区、相邻台阶布置。

4.1.17 环形道路便于消防车从不同方向进入火场,并且有利于消防车调度,便利的交通和运输道路的设置在防火中非常重要,在局部困难地段,也可以设置满足消防车辆回车用的尽头式消防车道。工艺区是接收站的重要设施区,应设置满足消防车辆作业要求的环形道路,以保证在火灾情况下的救援。

4.1.18 天然气外输计量站是接收站连接站外输气干线的生产设施区,为了尽量缩短天然气与站外输气管线的长度,外输计量区应根据站外天然气管线的方向进行布置,布置时应符合现行国家标准的相关规定。

Ⅲ 公用工程及辅助生产设施布置

4.1.19 总变电所为接收站重要设施,是接收站的动力中心,必须确保其安全供电。为此,本条做了2款规定:

1 为避免高压输电线路的进线、出线、线路走廊宽度对接收站布置的影响,本着节约用地的原则,在接收站平面布置时,总变电所的位置宜靠近接收站边缘布置,避免外部架空线路穿越接收站。

2 为避免有害气体的腐蚀和水雾的污染,影响正常供电,造成事故。因此总变电所的位置,应从风向上避开此类不利场所。

4.1.20 中央控制室是生产和安全的关键部位,它是生产过程调度和保证生产安全的中枢,控制室人员集中,仪表贵重。为使控制室能安全、可靠、有效发挥作用,本条做出3款规定:

1 本款系依据现行国家标准《建筑设计防火规范》GB 50016,有爆炸危险的甲乙类生产厂房的总控制室应独立设置及现行国家标准《石油化工企业设计防火规范》GB 50160 规定制定。同时,控制室应布置在液化天然气储罐、工艺设备、气化设施、槽车装车设施、首站计量设施等可能泄漏天然气的全年最小频率风向的下风侧。

2、3 控制室应避免噪声、振动等环境的影响和干扰,为减少汽车行驶时产生的噪声和振动的影响,控制室最外边的轴线距主干道中心距离,系依据现行行业标准《控制室设计规定》HG/T 20508 制定。

4.1.21 锅炉房为散发火花的地点,在满足风向和安全防护距离的前提下,宜靠近用热集中的设施和便于供热管线进出,以减少热损失。

4.1.22 为了提高产品的纯度,确保安全生产,空分站、空气压缩机要求吸入的空气必须洁净,爆炸性等有害气体不仅影响压缩空气的质量,还会对安全生产带来威胁。应位于液化天然气罐区、工艺装置区和槽车装车区等设施等设施的全年最小频率风向的下风侧。

4.1.23 泡沫站是接收站重要设施,应布置在非防爆区。泡沫站在满足服务半径时,应满足与相邻设施之间的最小水平距离,是根据现行国家标准《泡沫灭火系统设计规范》GB 50151、《水喷雾灭火系统设计规范》GB 50219 制定的。

4.1.24 化验室内设有精密仪器,精度要求高,且怕潮湿和振动。为确保化验和维修质量,应布置在无爆炸性等有害气体、环境洁净、干燥的地段,且与振源应有必要的防护间距。

4.1.25 机修、仪修、电修车间服务于接收站相关设备的维修,集中布置在接收站一侧,以方便交通运输。同时应注意修理车间产生的振动对周围环境的影响。

4.1.26 本条系对接收站火炬平面布置的要求,接收站火炬可采用高架火炬和地面火炬,根据项目的具体情况选用。地面火炬有两种形式,为开放性地面火炬和封闭式地面火炬。地面火炬的采用形式可根据火炬每小时的排放量确定。封闭式地面火炬的布置可按照有明火的密闭工艺设备及加热炉来考虑,开放式地面火炬的布置可按照有明火或者散发火花地点来考虑。

4.1.27 接收站的污水处理设施单元规模不大,而且较化工企业的污水处理厂污染小。但其处理过程中渗溢水、气味对接收站环境会有影响,为便于排水通畅、降低能耗,污、淤泥的外运,本条对此作了相应的布置规定。

4.1.28 接收站取水、排水区的布置应结合港口工程设计统筹考虑。接收站为满足液化天然气船的靠泊要求,需建设深水港,接收站的陆域用地多经围垦造陆形成,以满足接收站码头的建设条件。取水、排水口的布置应符合港口工程中护岸工程的设计、施工要求,做到布置科学、合理、施工方案可行。该区域靠近护岸布置既方便取、排水,使海水管线短捷,又为取、排水构筑物与护岸工程统筹组织施工创造了条件。接收站陆域形成和港口工程的建设方案需经水利、水运科学研究院等多家单位通过物理、数学模型研究分析陆域围垦、港口泊位建设对原有岸线稳定性的影响。取、排水口的位置及其构筑物形式应经方案优化确定,位置的确定应避免排出的水被取水口再吸入,引起废水循环;取、排水口形式应充分考虑海浪对其结构的影响。海水取水口应选择在能取到海水含沙量低、水温满足工艺要求的海水处;排水口排放出的水宜流速低且均匀,对船舶的通航不造成障碍,对码头、栈桥等水工构筑物的稳定性不造成威胁,同时考虑排水口下泄的低温水对附近局部水域环境流场的影响,因低温水的排放造成了水温分布结构的变化,改变了水体中鱼类及其他水生生物的生存环境,所以接收站取水、排水区的布置尚应遵循接收站所处海域生态环境影响评价的结论。

Ⅳ 液化天然气储罐区布置

4.1.29 液化天然气一旦泄漏,将快速蒸沸成为气体,使大气中的水蒸气冷凝形成蒸气云,并迅速向远处扩散,与空气形成可燃气体混合物,引起爆炸和火灾事故。为使液化天然气储罐泄漏形成的蒸气云扩散至浓度低于爆炸混合物下限,储罐应尽量远离居住区和公共福利设施等人员密集场所,以免对环境造成影响,引起重大人员伤亡。

4.1.30 液化天然气泄漏后,若随风扩散至明火或火源不易控制的人员集中场所,易引起爆炸和火灾事故,故规定可能散发可燃气体的场所和设施,宜布置在人员集中场所及明火或散发火花地点的全年最小频率风向的上风侧。为了利于液化天然气泄漏形成的蒸气云迅速扩散,布置时避免将储罐布置在窝风地带。

4.1.31 为缩短液化天然气低温管线的长度,降低成本,节约投资,储罐宜布置于靠近码头区域。

4.1.32 液化天然气储罐根据罐型分为单容罐、双容罐、全容罐及薄膜罐。在进行储罐组布置时,双容罐、全容罐及薄膜罐不需要设置拦蓄堤,现在国内规模较大的液化天然气接收站大多采用全容罐的罐型,一个全容罐为一个罐组,每个储罐周围均设置了环形消防车道,与消防车道连接的还有罐前检修道路,同时满足施工大型设备吊装要求。单容罐需设置拦蓄堤,拦蓄堤必须能够承受所包容液化天然气的全部静压头、所圈闭液体引起的快速冷却、火灾和自然力的影响,且不渗漏。单容罐型的罐组拦蓄堤内可以布置一个或者多个储罐。单容罐罐组周围设置环形道路。液化天然气储罐罐组周围环形道路的设置要求和其他规范的可燃液体罐组相同。

4.1.33 本条为强制性条文。为防止架空电力线路、无关的易燃可燃物料管线或罐组起火时相互影响造成更大事故,不管采用地面管墩敷设方式,还是地下敷设方式,与罐组无关的管线、输电线路都严禁穿越罐组。

Ⅴ 槽车装车设施布置

4.1.34 槽车装车区的布置,在其作业过程中不可避免散发可燃

气体,且车辆运输频繁,为了确保安全,制定3款规定:

1 为使在发生事故时对人身安全危害程度降低到最小,本款依据《石油天然气工程设计防火规范》GB 50183制定。

2 设围墙独立成区是为防止无关人员穿行,减少和避免引入火源的概率;设2个出入口,使槽车按规定线路行驶,减少事故的发生率,万一发生事故也有利于疏散和抢救,保证安全。对于规模小、占地面积不大的槽车装车站,可根据现场具体情况,选择设置出入口数量。

3 给待装槽车提供停车场地,以方便管理,有序安检,防止混乱导致事故的发生。

4.1.35 我国公路交通为右侧行车。为使车辆能沿正常行驶方向秤重计量,而不横穿道路,影响其他车辆行驶,汽车衡宜位于秤量汽车行驶方向的右侧。进出车端的平坡直线段长度不应小于一辆车长,依据现行国家标准《厂矿道路设计规范》GBJ 22制定。

Ⅵ 行政办公及生活服务设施布置

4.1.36~4.1.38 行政办公设施是接收站的生产调度、经营管理中心,又是企业对外联系的场所;综合楼、食堂、倒班宿舍等生活服务设施对于安全、卫生、环境要求高。为此,应将人员集中的行政办公及生活服务设施布置在对外进出联系方便,环境条件较好的区域。

Ⅶ 出入口、围墙布置

4.1.39、4.1.40 根据接收站的规模、占地面积和接收站、企业生活区的位置关系,确定出入口的位置和数量。但接收站出入口一般不宜少于2个,现行国家标准《工业企业总平面设计规范》GB 50187、《石油化工企业设计防火规范》GB 50160都有此规定,且人流出入口与货流出入口应分开设置,以减少相互干扰,保证交通安全。

4.1.41 本条根据现行行业标准《港口设施保安设备设施配置及

技术要求》JT/T 844—2012 的要求制定。

Ⅷ 消防站布置

接收站是否需要设置消防站,应根据接收站的规模、性质和外部协作条件等因素确定,邻近协作单位的条件是否有适用于扑救接收站火灾的消防车和赶到火场的行车时间符合规定要求。本规范对消防站的布置提出 5 条规定。

4.1.42 本条规定是消防站布置的基本要求。

4.1.43 本条依据现行国家标准《石油天然气工程设计防火规范》GB 50183 消防站的规定制定。

4.1.44 消防站属于站内重要设施,为使消防站的通信设备不受干扰,宜远离噪声场所;为了保障消防站的安全和消防员的健康,消防站应位于接收站全年最小频率风向的下风侧。

关于消防站的安全防护距离,依据现行国家标准《石油天然气工程设计防火规范》GB 50183 消防站的规定制定。

4.1.45 为接到火警后,消防车能迅速、安全、不受干扰的及时到达扑救火灾现场,消防车库不宜与综合性建筑物或汽车库合并建筑。特殊情况下,与综合性建筑物和汽车库合建的消防车库应有独立的功能分区和不同方向的出入口,避免干扰。

4.1.46 消防车库大门应面向道路以便消防车出动。距离道路边缘不应小于 15m,是考虑大型消防车其车身长的要求所定,车库门前的场地应铺砌并有一定的坡向道路方向的坡度,以有利于消防车的迅速出车。

Ⅸ 码头区布置

4.1.47、4.1.48 接收站的装船设施在码头区域布置时需统筹考虑。

4.2 竖向设计

4.2.3 竖向标高确定的一项重要原则就是保证接收站不受洪水、潮水及内涝水威胁。设计标高高于设计频率水位,可以有效避免接收站遭受洪水、潮水的威胁,有利于场地雨水自流排至站外。

4.2.4 本条提出了竖向设计的原则。

4.2.5 厂区竖向布置形式主要可分为平坡式和台阶式两种,竖向布置形式的选择将直接影响土方填、挖工程,如果填方深度较大,会对大型建、构筑物及设备的基础处理方案产生不利影响,另外,台阶式布置方案对于接收站管线的布置也有一定不利影响。因此选择竖向布置形式时,应综合考虑技术要求、自然条件等各项因素,合理确定。

在自然地形条件许可的情况下,接收站竖向布置应优先采用平坡式。当场地自然地形坡度比较大,可采用台阶式布置。

4.2.6 本条对台阶式布置中台阶的宽度和高度等作出规定。

4.2.7 采用台阶式布置方式时,相邻台阶之间可以采用挡土墙或边坡进行过渡和连接。挡土墙有地下基础,影响地下管线通过,而边坡没有基础,边坡下可敷设管线,有利于节约用地,因此条件允许的情况下,应优先考虑采用边坡形式。当边坡较高或较陡时,表面可采用片石、混凝土预制块等进行护砌;当坡度较缓或高度较低时,可优先考虑采用草坪或植草砖等绿化护砌方式,既有利于地下管线的敷设和检修,也有利于站容美观。

4.2.9 场地雨水排水设计流量及水力计算,应符合现行国家标准《室外排水设计规范》GB 50014 的规定。

4.3 道 路 设 计

4.3.1 本条提出了站内道路的布置原则及功能要求。为了保持站内交通、消防顺畅,车流、人行安全,以维护接收站正常的生产秩序规定此条。

接收站内道路与站外道路的衔接值得重视,应尽量使主要货流和人行进出口通直、短捷,减少混行和绕行的现象。

站内道路设计时应重视建设期、检修期间的大件设备运输与吊装的要求。并要注意站内外之间的道路通畅问题。大件运输对道路的平面、纵断面、桥涵、跨线管架及栈桥净空等的要求，都是设计时应该预先考虑的，以免后期进行大件运输时造成麻烦。

4.3.2 接收站内道路横断面的三种型式应根据使用要求、线路环境、地形及竖向布置等各项条件选用，对有卫生和观赏要求或场地坡度较大或要求明沟排水等特殊地段，应区别对待。道路横断面型式应在项目前期统筹规划。

4.3.3 接收站内道路路面结构类型应按使用要求和路基、气象、材料等条件选定，在同一接收站内类型不宜过多。在需要防尘、防火、防腐蚀的场所和地段应针对具体要求分别选用。

接收站建设施工期间，材料、设备的运输车辆行驶频繁、荷载较大，大多通过设计的永久路线。但在此期间永久性道路因场地整拓和管线敷设的影响，尚未成形，即使铺竣的路面也会被碾压破损变形，供施工期间行驶的永久性路段设计，应采取分期实施和过渡的结构形式进行设计。

4.3.4 站内道路的路面宽度，主要应按道路类别、人行与车流通行需要和所在通道宽度等因素确定，路面宽度的确定应依据现行国家标准《厂矿道路设计规范》GBJ 22 有关规定。

4.3.6 站内道路交叉口路面内缘转弯半径可按行驶车辆的类型确定。该表根据现行国家标准《厂矿道路设计规范》GBJ 22 制定，液化天然气罐区和工艺区是接收站防止火灾事故的重要街区，由于消防车辆重型化发展势头迅猛，为保证重型消防车在快速行驶时安全转向，已建设运营的大型接收站，重要功能区道路转弯半径均采用15m。如天然气罐区和工艺装置区的环形消防道路路面内缘转弯半径设计值可适当放大到15m；其他区域的道路路面内缘转弯半径不小于12m与其他相关规范规定相同。

4.3.7 道路纵坡是道路设计中必须遵守的技术标准。该条根据现行国家标准《厂矿道路设计规范》GBJ 22 的规定编写。

4.3.8 接收站内消防道路净空要求和国家其他相关规范相同。

5 工艺系统

5.1 一般规定

5.1.4 液化天然气储罐是液化天然气接收站内的关键设备,其损坏造成的影响非常大。考虑到液化天然气储罐设计压力较低,为避免安全阀后背压较高导致液化天然气储罐无法正常超压排放而损坏储罐,目前国内外的通用设计是将其安全阀出口直接排向大气。

气化器的安全阀超压排放流量较大,直接接入火炬/放空系统可能导致系统投资较高,而气化器安全阀排放时间短,超压排放频率低,排放总量有限,因此宜直接排向大气。

5.1.8 液化天然气管道系统瞬态流分析的计算工况需根据工艺系统设置、操作条件等因素确定,通常采用的瞬态流分析软件有PIPENET 和 AFT IMPLUSE。

5.1.11 防止真空造成损坏的措施包括设置破真空阀或设备采用真空设计。

5.2 卸船与装船

5.2.1 设计船型包括主力船型及兼顾船型。

5.2.3 依据国家标准《石油化工企业防火设计规范》GB 50160—2008 的第 6.4.4 条规定和行业标准《石油化工码头装卸工艺设计规范》JTS 165—8—2007 的第 3.0.3 条和第 3.0.4 条的相关规定,石油化工的可燃液体码头、液化烃码头在距码头前沿不小于 20m 岸边陆域侧的工艺装卸船管道上均设置有便于操作的紧急切断阀,正常情况下为常开状态,当石油化工码头发生火灾、泄漏等事故时,该阀门快速关闭,关闭时间一般为 1 s/inch,起到码头与后方石油库的区域紧急切断作用,防止事故蔓延和扩大,可有效避免次生灾害的发生。

对于液化天然气装卸船码头,其火灾危险性与液化烃码头相似,当其发生火灾、泄漏等事故时,为了避免事故蔓延和扩大波及到接收站内的相关设施,引起其他次生灾害发生,因此,本规范要求液化天然气装卸船管道要设置紧急切断阀,紧急切断阀设在栈桥根部陆域侧,距码头前沿的距离不小于20m。

5.3 储　　存

5.3.4　液化天然气储罐设置的正常操作压力表用于蒸发气压缩机的负荷调节和超压排放阀及补气阀的控制;高压监测压力表通常独立于正常操作压力表,用于在液化天然气储罐压力达到高限值时报警和紧急切断/停车;低压(负压)监测压力表通常独立于正常操作压力表,用于在液化天然气储罐压力达到低限值时报警和紧急切断/停车。

5.3.6　本条规定了液化天然气储罐温度计应符合的设置要求。

　2　本款规定的气相空间是指液化天然气储罐吊顶和穹顶之间以及吊顶和罐内液体表面之间的气相空间。

　4　本款规定的外罐内壁下部及底部环形空间是指全容罐和薄膜罐的热角保护,单容罐及双容罐外罐仅作为保冷材料的支撑,并不能盛装低温液化天然气液体,不需设置温度表。

5.3.11　不能因为设置破真空补气系统而降低真空安全阀的能力。

5.3.13　调节流量的阀门可以选用自动调节阀门,也可选用手动调节阀门。

5.3.14　液化天然气储罐的日蒸发率是在综合考虑投资费用和操作运行费用的基础上,由液化天然气储罐承包商和用户协商后最终确认。本条规定的不同类型液化天然气储罐日蒸发率是基于国内外液化天然气接收站设计经验。

单容罐和双容罐容积多数在80000m³以下,设计日蒸发率多采用0.08%。

目前国际上全容罐和薄膜罐的设计日蒸发率参见表1。

表1 全容罐和薄膜罐的设计日蒸发率

储罐日蒸发率 储罐容积(m³)	全 容 罐	薄 膜 罐
80000	0.08%	—
100000～140000	0.075%	0.1%
160000～200000	0.05%	0.075%
270000	0.04%	—

5.5 输　　送

5.5.4 液化天然气接收站卸船频率高,并要求连续不间断外输时,液化天然气罐内泵宜有一台挂靠应急电源,用于维持保冷循环,以避免造成液化天然气船滞港等带来的财产损失;卸船频率低,且不连续外输时,液化天然气罐内泵可不挂靠应急电源,可在卸船前再将相关管道进行预冷。

5.6 气　　化

5.6.1 不同类型的液化天然气气化器其适用条件、造价和操作费用有较大差别,在满足功能需求的前提下,应以经济性原则选择气化器的类型。

5.6.2 开架式气化器、中间介质气化器的热源是开源式供给且不需要燃料加热,因此这两种气化器的操作范围可以做到0～100%;浸没燃烧式气化器的热源需要燃料燃烧提供热量,通常在负荷低于10%以下时,燃烧器无法正常工作。

5.6.5 气化器进出口设置紧急切断阀,用于气化器发生安全事故时将其与系统分隔开,为使气化器中不存留液化天然气,通常需要出口切断阀延后关闭1min以上。

5.6.7 国家标准《海水水质标准》GB 3097—1997中规定,适用于一般工业用水、港口水域和海洋开发作业区等第四类海水,人为造成的海水温升不超过当时当地4℃,对于温降没有规定,本标准根据目前国内外普遍工程实践数据,规定了海水温降不大于5℃;中间介质气化器的结构不同于开架式气化器,其海水处于封闭的管束内流动,一旦水在管束内冻结就有可能造成气化器损坏,因此中间介质气化器的海水出口温度宜控制在不低于2℃。

5.6.12 气化器出口紧急切断阀是受阀前温度控制的,因此将此紧急切断阀作为温度控制的分界线,出口紧急切断阀及其上游的所有设备、管道及配件均应适应液化天然气的温度要求,此阀之后的设备、管道及配件应按外输气的温度选择材料。

5.6.16 在确定气化器的工作压力时考虑到液化天然气泵必需设置低流量回流控制系统,因此气化器的最高工作压力可考虑按照泵低流量时对应的扬程进行计算。现行国家标准《压力容器 第1部分:通用要求》GB 150.1规定设置一个安全阀时其允许超压值应不大于容器设计压力的10%或20kPa中的较大值。

5.9 火炬和排放

5.9.3 本条为强制性条文。低温的液化天然气如果就地排放,在排放早期会在地面形成天然气云团,从而形成爆炸性气体环境,因此规定不应就地排放,需密闭回收。例如槽车装车站排净罐内的液化天然气应送回液化天然气储罐回收,而不能直接排放。如果液化天然气进入封闭的排水沟,在受限空间内,液态天然气气化使气团体积迅速膨胀,可能导致排水沟内发生超压爆炸,而气化后产生的天然气则可能串入与排水沟系统相连的周边非防爆区域,在这些非防爆区域形成爆炸性气体环境,如遇点火源,则可能发生火灾、爆炸,对接收站及周边其他设施产生危害。为避免此类情况发生,故规定严禁将液化天然气排至封闭的排水沟(管)内。封闭的排水沟(管)指排水暗沟(管)、下水道和加盖的雨水沟等。

5.9.7 注入吹扫气体是防止火炬回火的有效手段。使用水封罐或阻火器也可以达到将系统管道与火炬筒隔离,起到阻止火炬筒内回火波及到整个排放系统的作用。但由于液化天然气接收站低温火炬气的温度通常低于-100℃,水作为封闭液体时,会造成水封罐因发生冰冻而无法使用,同时也无法找到适应此低温条件,并能够方便和安全使用的封闭液体。采用阻火器时,存在外界水分侵入阻火器出现冰冻堵塞的风险,同时设备成本、操作和维护要求较注入吹扫气的方式高。

6 设 备

6.1 容 器

6.1.4 参考国家标准《压力容器 第2部分:材料》GB 150.2—2011中第3.4条"选择压力容器受压元件用钢时应考虑容器的使用条件(如设计温度、设计压力、介质特性和操作点等)、材料的性能(力学性能、工艺性能、化学性能和物理性能)、容器的制造工艺以及经济合理性"的内容,增加强调了LNG接收站设计中考虑泄压工况。

6.1.5 超低碳级奥氏体不锈钢含碳量低于0.03%,一般不易发生晶间腐蚀,更适合盐雾腐蚀环境。

6.2 装 卸 臂

6.2.2 本条规定了液化天然气装船臂、卸船臂应符合的要求。

1 紧急脱离装置从启动至装船臂与液化天然气船分离分为两个阶段,到达一级报警区域时紧急脱离系统的双球阀关闭,但此区域装船臂不与船分离;当到达二级报警区域时装船臂与船分离。整个脱离过程的包括控制系统的启动、阀门的关闭和紧急脱离系统,最短时间约为5s,根据经验通常整个过程为5s~30s。

5 设计风速参考《液体装卸臂工程技术要求》HG/T 21608—2012中4.3.3船用液体装卸臂的设计计算要求。

7 泄漏速率参考欧洲标准《液化天然气装置和设备-海上运输系统的设计和试验》EN 1474—2008及《石油公司国际海运论坛》OCIMF中的规定。

6.3 气 化 器

6.3.4 本条第2款中浸没燃烧式气化器水浴槽内水质的pH值

通常为6～9。

6.4 泵

6.4.3 本条第5款中泵停试验是与必需汽蚀余量试验同时进行的试验,以额定流量对应的扬程下降40%时,泵出现流量不连续、扬程迅速降低或振动等非正常工作状态作为标志。泵停试验的考核值以入口诱导轮中心线以上的液位高度来度量。

7 液化天然气储罐

7.1 一般规定

7.1.1 本条规定了常用的液化天然气储罐的罐型及其选型原则。单壁单容罐不适合于液化天然气储罐,预应力混凝土内罐尚无成熟的实践经验,故均未列入本规范。

7.1.4 现行国家标准《建筑抗震设计规范》GB 50011 所规定的反应谱是在中国国内所建项目应遵守的最低抗震设计要求,故 OBE 和 SSE 应不低于现行国家标准《建筑抗震设计规范》GB 50011 的规定。

1 OBE 的超越概率为10%,现行国家标准《建筑抗震设计规范》GB 50011 规定的抗震设防地震的超越概率为10%,二者相同,所以 OBE 应与抗震设防地震相对应。

2 SSE 的超越概率为2%,现行国家标准《建筑抗震设计规范》GB 50011 规定的罕遇地震的超越概率为2%~3%,二者基本相同,所以 SSE 应与罕遇地震相对应。

3 ALE 是 NFPA 59A、CSA 271、API 620 和 ACI 376 新增加的定义,表示 SSE 地震后的余震。从世界范围内的地震经验来看,ALE 与 SSE 的比值接近于0.5,故定义 ALE 为 SSE 的一半。

7.1.5 储罐的附属结构在 OBE 工况下抗震水平应与储罐结构保持一致,这样才能满足储罐系统的抗震性能要求。

7.1.6 液化天然气储罐各部分的阻尼比,综合考虑了各国规范的要求、国际工程公司和国内工程公司在实际工程中的应用情况。

各国规范对液体对流部分质量阻尼比没有分歧,都规定为0.5%。

对液体冲击部分质量的阻尼比,各国规范有不同的规定:API

620规定对OBE取5%，对SSE没有规定；API 650只规定取5%，而没有区分OBE工况和SSE工况；BS 2654规定取2%，没有区分OBE工况和SSE工况；ASCE的《核安全结构地震分析与条文说明》规定对OBE工况取2%，对SSE工况取4%，但ASCE一般应用的罐壁厚度要比液化天然气储罐厚；美国核监管研究院的核监管委员会办公室的《关于监管指南1.61中的地震阻尼值修订建议》对OBE工况取2%，对SSE工况取3%；一些国际工程公司在实际工程中对OBE取2%，对SSE取5%，一些公司在实际工程中对OBE取5%，对SSE取10%。一般而言，钢质内罐的结构阻尼比为2%，有些工程公司就把液体冲击部分质量的阻尼比按钢质内罐来取值。实际上，由于液化天然气储罐的内罐和外罐之间充满颗粒状的保冷材料和弹性毯，在地震时能起到耗能作用。综合考虑，本规范冲击部分质量的阻尼比在OBE及SSE工况下均按5%取值。

对混凝土结构，国家标准《混凝土结构设计规范》GB 50010—2010规定其阻尼比为5%，不分OBE和SSE工况；美国核监管研究院的核监管委员会办公室的《关于监管指南1.61中的地震阻尼值修订建议》对OBE工况取4%，对SSE工况取7%；ACI 376建议对OBE工况取4%，对SSE工况取7%；一些国际工程公司在实际工程中对OBE工况取4%，对SSE取7%，一些公司在实际工程中对OBE取3%，对SSE取7%；综合考虑，本规范对OBE取4%，对SSE取7%。

对预应力混凝土结构，行业标准《预应力混凝土结构抗震设计规程》JGJ 140—2004规定其阻尼比为3%，不分OBE和SSE工况；美国核监管研究院的核监管委员会办公室的《关于监管指南1.61中的地震阻尼值修订建议》对OBE工况取3%，对SSE工况取5%；ACI 376建议对OBE工况取2%，对SSE工况取5%；一些国际工程公司在实际工程中对OBE取2%，对SSE取5%。综合考虑，本规范对OBE取3%，对SSE取5%。

对 ALE 工况,是考虑内罐破裂后的地震工况,此时的阻尼比应不小于 SSE 工况。

7.3 预应力混凝土外罐

7.3.4 在内罐泄漏时,罐壁内侧与液体相接触的部位处于低温状态(热角保护区除外),外侧接近环境温度,因此罐壁内侧热角保护以上受低温作用的区域布置低温钢筋,罐壁外侧布置常温钢筋即可。抗剪钢筋贯穿罐壁常温外侧和低温内侧,为保证工作性能,应使用低温钢筋。

7.3.8 液密性要求是预应力混凝土外罐在内罐泄漏情况下的安全性能要求,需要进行验算。

7.3.9 本条款根据现行国家标准《现场组装立式圆筒平底钢制液化天然气储罐的设计与建造 第 3 部分:混凝土构件》GB/T 26978.3 第 7.3 条确定。

7.3.10 设计预应力混凝土外罐时,OBE 工况是作为可变荷载考虑的,其强度设计指标应采用设计值;SSE 工况和 ALE 工况是偶然荷载工况,其强度设计指标应采用标准值。

7.3.11 国家标准《建筑抗震设计规范》GB 50011—2010 规定水平地震作用分项系数与竖向地震作用分项系数的比值为 1∶0.4 或 0.4∶1.0,没有区分 OBE 和 SSE 工况。为了区分 OBE 与 SSE 工况,参考国外工程公司的工程实践,SSE 工况取基本比值(1∶0.4 或 0.4∶1.0),OBE 工况取基本比值的 1.05 倍。根据《建筑抗震设计规范》GB 50011 的规定,地震作用分项系数取 1.3,但其承载力抗震调整系数为 0.75~0.85,取中间值 0.8,综合影响系数为 1.3×0.8=1.04,归整后取 1.05。由于 OBE 强度设计指标采用设计值,不考虑承载力抗震调整系数,故其地震作用分项系数取综合影响系数 1.05。水平地震作用分项系数为 1.05×1.0=1.05,竖向地震作用分项系数为 1.05×0.4=0.42,归整后为 0.45。

7.4 储罐保冷

7.4.5 由于液化天然气储罐的内罐在操作时会由于低温收缩而使内、外罐间的环形空间增大,以及储罐运行过程中环隙内的膨胀珍珠岩发生沉降,储罐保冷时需要超填一定量的膨胀珍珠岩予以补充。由于储罐的几何尺寸(包括高径比)不同,超填量有一些差异,一般要求3%~5%,本规范规定取5%。"超填量"是指超出内罐罐壁高度的膨胀珍珠岩,以内罐罐壁高度计算内、外罐环形空间容积(扣除压缩后的弹性毡体积)为基准。

7.5 检验与试验

7.5.1 在现行国家标准《现场组装立式圆筒平底钢制液化天然气储罐的设计与建造 第2部分:金属构件》GB/T 26978.2的"表15 主液体容器和次液体容器罐壁焊缝射线照相/超声波检验范围"中规定竖向焊缝的检验比例为100%、水平焊缝的检验比例为5%。而液化天然气储罐内罐在实际施工中,内罐壁板竖向、水平(环向)对接焊缝的射线检验比例均是按100%来进行检验的,因此为保证焊接质量制定本条规定。

7.5.2 射线检测、超声检测、磁粉检测和渗透检测均按现行行业标准《承压设备无损检测》JB/T 4730的规定执行,以保证焊接质量。由于液化天然气储罐的工况与国内的三类压力容器相当或更高,焊缝质量要求高,为了加强质量控制,本规范规定焊缝的射线检测的合格级别为Ⅱ级合格,渗透检测、磁粉检测和超声检测合格等级均为Ⅰ级合格。这与国内的三类压力容器的要求相同。

7.7 场地、地基和基础

7.7.1 液化天然气储罐对地基土的承载能力和变形要求高,影响深度大,对于地层复杂的软土地基、山区地基以及特殊性土地基,储罐基础不均匀沉降过大,将导致储罐的倾斜或失稳,容易造成严重的次生灾害。因此本规范中特别强调了液化天然气储罐基础的设计,必须进行建筑场地的岩土工程地质勘查。

7.7.2 本条内容依据现行国家标准《钢制储罐地基基础设计规范》GB 50473,具体取值结合液化天然气储罐特点适当调整。

7.7.5 根据欧洲标准《液化天然气设备与安装》EN 1473—2007,液化天然气储罐外罐在遭遇 SSE 地震后应保持其可操作功能,故宜要求在 SSE 地震动峰值加速度时消除罐区场地液化。

7.7.7 按 OBE 作用计算的液化天然气储罐基底水平剪力是多遇地震作用下的 3 倍左右。按 SSE 作用计算的液化天然气储罐基底水平剪力则更大。对于高烈度地区,桩基或架空层的水平地震承载力可能不满足要求,需要采用隔震措施。

7.7.8 在 SSE 地震荷载作用下,桩的水平荷载非常大,若按桩的特征值来确定其水平允许承载力则代价非常大,且工程上也不易实现;由于 SSE 荷载工况属于偶然荷载工况,作用时间很短,其桩基水平承载力可较正常荷载工况作用时高一些,参考现行国家标准《石油化工控制室抗爆设计规范》GB 50779 第 5.9.5 条的规定,取为水平极限承载力。

7.7.9 内外罐的相对沉降差限值是为了控制内罐底保温材料的压缩变形,其余是为了控制地基沉降变形。

7.7.10 根据现行国家标准《钢制储罐地基基础设计规范》GB 50473 结合液化天然气储罐建造过程特点规定沉降观测各阶段和时间点,设计文件尚应根据地基条件规定各阶段观测频次和停止观测的标准。

7.7.11 低温钢质内罐沉降观测点仅用于内罐充水前、充水过程中和充水稳压阶段的内罐沉降的测量。

7.7.12 外罐底板宜预埋两根相互正交的测斜仪管,便于随时用测斜仪测量外罐底板相互正交两条直径线上各点沉降量。

7.7.13 当采用落地式基础时,基础底板与地基直接接触,由于传热效应的作用,基础及与之相接触的地基的温度会降低到零度以下的低温,这将会引起土壤的冻胀,为避免这些不利情况的出现,应在基础内部设置加热系统,使与基础直接相接触的地基保持在环境温度的水平。

8 设备布置与管道

8.1 设备布置

8.1.2 当接收站需要分期建设时,应按照装置的工艺过程、生产性质和设备特点确定预留设备及构筑物区的位置,既要考虑一期工程的设施不影响后期工程的动工,又要考虑后期工程的施工不影响一期工程的生产。

8.1.3 根据接收站的生产特点,为了安全生产,满足各类设施的不同要求,防止或减少火灾的发生及相互间的影响,在设备、建筑物平面布置时,要严格遵守现行国家标准《石油天然气工程设计防火规范》GB 50183中规定的防火间距。

8.1.4 设备露天或半露天布置时,通风条件良好,可燃气体容易扩散,既安全,又节省投资;"受自然条件限制"系指所处地区属于风沙大、雨雪多的严寒地区。工艺装置的动设备如压缩机、泵等受自然条件限制时,可布置在室内。

8.1.6 人行台阶或坡道是供操作人员进出拦蓄堤之用,考虑平时工作方便和事故时能及时逃生,故不应少于2处,两相邻人行台阶或坡道之间距离不宜大于60m,且应处于不同方位上。

8.1.13 工艺装置区设备、建筑物区占地面积指工艺装置区内道路间或道路与装置区边界间的占地面积。在装置平面布置中,每一设备、建筑物区块面积首先按$10000m^2$进行控制。

8.2 管道布置

8.2.2 液化天然气管道原则上应地上敷设。但是对于LNG排净的管道,受管道布置的坡度要求及收集罐的布置位置等因素限制而需地下敷设时,可采用管沟敷设。当采用管沟敷设时应进行安全分析,根据分析结果确定相应的安全措施,如管沟采取敞开式设计,或设置可燃气体报警等。

8.2.3 对于管沟敷设的液化天然气管道,考虑到管道的保冷施工所需作业空间,提出管道及其组成件保冷层外侧与管沟内壁的最小净距要求。

8.2.7 阀门阀杆的密封填料层不能耐受低温,为避免低温介质在重力作用下渗透到阀门密封填料层,导致密封失效,液化天然气管道上的阀门宜安装在水平管道上,阀杆方向宜垂直向上。由于液化天然气管道上的阀门采用了延长阀盖的设计,有些阀门制造厂生产的阀门允许适当倾斜安装,倾斜角度应符合阀门制造厂的允许要求。

8.2.9 为了拆卸螺栓时不破坏管道上的保冷层,管道布置时宜避免弯头、三通或大小头与法兰直接焊接。

8.2.12 本节着重规定了液化天然气接收站工程中特有管道如液化天然气管道的布置要求,而对于其他公用工程管道布置要求以及通用性设计原则应参见国家现行标准《压力管道规范 工业管道》GB/T 20801、《石油化工金属管道布置设计规范》SH 3012 和《石油化工给水排水管道布置设计规范》SH 3034 的有关要求。

8.3 管道材料

8.3.1 管道设计条件包括设计温度、设计压力、介质特性和管道级别。

8.3.3 对于液化天然气管道上的盲板,应采用分体式,否则将产生冷桥。

8.4 管道应力分析

8.4.3 液化天然气管道预冷过程中,管道断面的底部和顶部可能会有温度差,预冷工艺不同,其温度差值不同,通常这个差值不大于 50℃。

8.5 管道绝热与防腐

8.5.2 火焰蔓延指数可以按美国消防协会标准《建筑材料表面燃烧特性的标准试验方法》NFPA 255 确定。紧急状态指：暴露在火焰、热、冷或水中等。

9 仪表及自动控制

9.2 过程检测仪表

9.2.1 本条第4款考虑温度计安装在液化天然气储罐内后,无法再取出维护,故采用双支型。

9.2.6 本条第3款目的是为防止球阀关闭后,阀球腔内液体气化形成高压,损坏阀芯。

9.3 仪表安装及防护

9.3.3 本条第4款如果阀杆水平安装,低温的液化天然气会损坏阀杆密封,造成泄漏。

本条第5款为了让液化天然气充分气化,保证介质温度满足仪表使用温度要求,建议限流孔的直径为2mm。

9.3.6 本条第4款导压管应沿XYZ轴方向安装,各方向的长度建议至少为1m,以保证液化天然气充分气化。

9.4 成套设备仪表设置

9.4.1 液化天然气接收站的成套设备主要包括浸没燃烧式气化器、蒸发气压缩机、装/卸船臂、天然气外输计量系统和装车系统等。

10 公用工程与辅助设施

10.1 给排水与污水处理

Ⅰ 给 水

10.1.1 本条规定了对水源供水水质及压力的要求。生活用水及生产用水推荐采用城市自来水、地下水、地表水;当供水质不能满足要求时,在接收站内设置给水处理设施对水质进行处理,当压力不满足要求时,在接收站内设加压设施,实现接收站的安全供水。

10.1.2 在接收站供水中,生活给水、生产给水、消防补充水采用同一水源的机会很多,由于生活、生产用水正常量为连续用水量,而消防补充水为间断用水量,会同时出现,但机会不多,在消防补充水时,生活、生产用水按用水量的70%供水,不会对生活、生产造成大的影响,故提出了水源供水量的最低要求。

10.1.3 为保障生活供水的水质作此规定。

10.1.5 生产给水量不能简单地将连续小时给水量和各种不同时间出现的间断小时给水量直接相加作为设计小时给水量,若直接叠加,加大了生产给水量,是不切合实际和不合理的。为了正确确定生产给水量,应对各用水设施的用水情况、用水方式及分布时间进行统计分析,计算出连续用水量和与有可能出现的最大间断用水量之和确定。

Ⅲ 海 水

10.1.14 输水主管采用2条,是基于供水安全性考虑;本条是根据行业标准《石油化工企业给水排水系统设计规范》SH 3015—2003 中第 6.2.4 条、第 6.2.5 条对水源输水管道的设置要求进行规定的。

10.1.17 本条第2款当海水水质不能满足气化器对进水水质的要求时,需根据要求对海水进行水质处理,如悬浮物含量超过气化器进水指标要求,可采取去除悬浮物的处理措施。

Ⅳ 污水处理

10.1.19 接收站的生产、生活污水连续排水量较少,多为间断排水,设置调节设施主要用于调节水量,储存非连续排水,经调节后污水限量进入后续处理系统,减少后续污水处理能力,降低对后续处理的冲击;生活、生产污水不经过生物处理,一般情况下达不到直接排放的要求,需经生化处理去除有机污染物后方能达到相应的排放标准,故污水处理可采用调节、生物处理经监测后排放或再生利用。

10.2 电　气

10.2.1 国家标准《供配电系统设计规范》GB 50052—2012中明确规定,对于一级负荷中特别重要的负荷,除应由双重电源供电外,尚应增设应急电源,并严禁将其他负荷接入应急供电系统。接收站的电气负荷的等级界定,需要根据接收站的功能定位、工艺流程及外输气用户特点以及供电中断可能造成的人身安全及经济损失等方面因素综合考虑。

根据目前已建的大型接收站的应急电源配置情况以及参考相关的欧洲标准《液化天然气设备与安装》EN 1473—2007的建议,通常大型液化天然气接收站项目的应急电源供电范围包括:

(1)为一台液化天然气罐内泵提供电源;
(2)确保在必要时液化天然气船能停止运转作业并驶离码头;
(3)维持所有安全状态负荷;
(4)启动并运行消防给水泵;
(5)若液化天然气储罐安装了电加热系统,应维持其供电;
(6)必要时供应用于安全的仪表风和氮气。

10.2.3 液化天然气接收站中爆炸危险区域的划分以及相应的电

气设施的设计及选择需参照现行国家标准《爆炸危险环境电力装置设计规范》GB 50058 执行。GB 50058—2014 版中增加了专门用于液化天然气储罐及码头液化天然气装卸区域的危险区域举例，接收站的危险区域划分和设备选型应参照 GB 50058 进行设计。

10.2.4 液化天然气接收站中主要化工工艺设备以及建、构筑物的防雷设计应按现行国家标准《石油化工装置防雷设计规范》GB 50650 和《建筑物防雷设计规范》GB 50057 的规定进行设计。

2006 年以前，中国境内尚无全包容混凝土外罐形式的液化天然气储罐建成，而现行国家标准中也无此类 LNG 储罐的防雷设计的相关规定。NFPA 59A 中对于液化天然气混凝土储罐的防雷设计要求按美国消防协会标准《防雷击系统的安装》NFPA 780 执行；EN 1473 中对于液化天然气混凝土储罐的防雷设计要求按照英国标准《建筑物避雷装置的实施规范》BS 6651 执行。这两个标准中都将全包容混凝土外罐作为混凝土构筑物按照滚球法计算进行相应的防雷设计。根据国际上已建液化天然气接收站项目以及上述两个标准的相关规定，对于全包容混凝土外罐的液化天然气储罐的防雷设计可以按照《建筑物防雷设计规范》GB 50057 中的相关规定进行设计。特别需要注意的是，大部分液化天然气储罐罐顶都设置有操作平台以及部分仪表、电气及动设备，防雷设施的保护范围需要包含这些设施。

10.3 电　　信

10.3.1 行政电话交换机可以自建交换机或采用当地运营商的设备。当调度电话作为消防电话使用时，调度电话、行政电话交换机可以分别设置。

10.3.2 调度电话交换机重要控制设备一般指 CPU 主控板、交换矩阵板、系统二次电源，当系统自动检测以上设备故障后自动切换，保障系统正常运行。

10.4 分析化验

10.4.1 液化天然气接收站的分析项目一般包括:卸船管线、外输总管、卸船气相返回管线的天然气品质分析;液化天然气储罐在试车时及真空安全阀开启后的罐顶和管壁环隙中的氧气和露点分析;仪表空气总管中的仪表空气露点和氮气总管的组分及露点分析;水质和环境监测项目分析等。

液化天然气及天然气的组成和品质分析包括甲烷、乙烷、丙烷、正丁烷、异丁烷、C5 及以上重烃、CO_2、O_2、N_2、硫化氢、总硫、烃露点、水露点、发热量、相对密度和沃泊指数等。

10.4.3 天然气组成分析的气相色谱仪配置方案包括:可选一:气相色谱仪配置符合现行国家标准《天然气 在一定不确定度下用气相色谱法测定组分》GB/T 27894 标准;可选二:气相色谱仪配置符合现行国家标准《天然气的组成分析 气相色谱法》GB/T 13610 标准;或符合贸易计量中的天然气组成分析标准要求。

10.4.4 化验室内一般设有通风柜、洗涤盆、设备台等。钢瓶间用于放置气相色谱仪等设备所需的标准气体钢瓶,包括氢气、氦气、氩气、氮气、氧气、压缩空气的气体钢瓶,因此规定钢瓶间位于化验室外一层。

10.4.7 现行国家标准《冷冻轻烃流体 液化天然气的取样 连续法》GB/T 20603—2006 为等同采用《冷冻轻烃流体液化天然气的取样 连续法》ISO 8943—1991,但是现行标准《冷冻轻烃流体 液化天然气的取样 连续法和间歇法》ISO 8943—2007 已取代 ISO 8943—1991 标准,并增加了间歇法取样内容,因此连续法和间歇法均适用于贸易计量中液化天然气的取样系统。

10.5 建(构)筑物

10.5.2 重要建筑物主要指站内办公楼、倒班宿舍、控制室、总变电所、区域变电所、现场机柜间、化验室、消防站、锅炉房、空分空压站、消防水泵房等。

10.6 采暖、通风与空调

10.6.1 采暖、通风和空气调节室外气象参数的取值,应符合现行国家标准《民用建筑供暖通风与空气调节设计规范》GB 50736 的有关规定,其中未列出的可采用临近气象台站的气象资料。

10.6.2 本条第 1 款中现行国家标准 GB 50019 规定累年日平均温度稳定低于或等于 5℃的日数大于或等于 90 天的地区,宜采用集中采暖。国标的规定对于民用建筑比较适用,有利于节能,但对于工业建筑存在风险。例如,累年日平均温度稳定低于或等于 5℃的日数为 87 天的扬州,供暖室外计算温度为－2.3℃,极端室外计算温度为－11.5℃。如果某一年较低温度持续的时间较长,有可能造成管道冻坏,造成生产损失。因此规定供暖室外计算温度小于或等于 0℃的地区的生产建筑应设置集中采暖。

11 消　　防

11.2 消防给水系统

11.2.3 考虑布置、投资和水质等因素,推荐消防水罐与生产水罐合建。

11.2.4 从供水可靠性和经济合理角度,提出了码头与陆域部分在条件许可时首选共用消防给水系统的方案;但亦不排除个别情况下,码头与陆域部分可分建消防给水系统的做法。其原因如下:由于码头消防炮的高供水压力需求(尤其在码头栈桥较长、沿程阻力降损失较大情况下),当码头与接收站陆域部分共用一套消防供水系统时,导致陆域消防泵出口压力高,可能使得全厂消防水系统设计压力高于常规的 1.6MPa(G) 等级。若在接收站陆域部分设置管网减压设施,则减压设施可能影响全厂消防管网供水系统的可靠性;但若码头和接收区域采用两套独立供水系统,又会带来较高的工程造价。因此在进行全厂消防供水系统设计,决定码头和接收站陆域部分是共用供水系统还是分别设置独立供水系统时,应从供水可靠性和经济合理性两方面综合考虑确定。

11.2.9 本条第 1 款中码头部分火灾时最大消防用水量的计算按照需同时开启的消防设施用水量之和确定,如高架遥控水炮及炮塔水喷雾系统、码头前沿水幕、逃生通道喷淋、高倍泡沫系统等。

11.3 消防设施

11.3.2 本条第 2 款中双动力源是指消防水泵的供电方式应满足现行国家标准《供配电系统设计规范》GB 50052 所规定的一级负荷供电要求。当不能满足一级负荷供电要求时,应设置柴油机作为第二动力源。

11.4 耐火保护

11.4.1 耐火保护旨在防止池火热辐射对承重钢结构强度的影响。本条1、2款以外的设备或框架,可能受到来自1、2款设备或管道泄漏所导致的池火影响,进而产生二次灾害。接收站火灾危险性分析,可确定出池火影响区域。故要求将火灾危险性分析评估结果,作为耐火保护的补充要求,以确保布置在可能遭受池火影响范围内的承重钢结构得到必要的耐火保护。

11.4.3 天然气火灾属于烃类火灾,因此选用的耐火层须适用于烃类火灾,且根据现行国家标准《石油天然气工程设计防火规范》GB 50183的规定,其耐火极限不小于2小时。

12 安全、职业卫生和环境保护

12.1 安　全

12.1.1 从科学削减、控制液化天然气接收站风险角度,提出了对接收站可能出现的液化天然气或天然气泄漏、火灾、爆炸的风险进行分析评估,并根据评估结果开展安全设计的要求。根据国家安全监管总局 45 号令《危险化学品建设项目安全监督管理办法》第十六条规定和《化工建设项目安全设计管理导则》AQ/T3033 的要求,危险化学品项目需在建设过程中开展过程危险源分析(可采用包含 HAZOP 在内各种适当的分析方法),且 2013 年国家安全监督管总局和住房城乡建设部联合下发的"关于进一步加强危险化学品建设项目安全设计管理的通知"(安监总管三〔2013〕76 号文)精神,涉及两重点一重大的建设项目必须开展 HAZOP 分析,并要进行安全仪表系统的设计,因此在此提出过程危险源分析和安全仪表系统的安全完整性等级分析的要求。同样根据 76 号文精神要求,提出在接收站选址、确定外部安全防护距离时需开展量化风险分析。量化风险分析通常包括三方面内容:

(1)为接收站选址、确定外部安全防护距离、优化站内关键建筑物布置等目的考虑,要求就接收站可能发生各种泄漏、火灾、爆炸事故的发生频率和后果影响范围开展全面的分析,评估接收站对界区内外人员和设施所带来的个人风险及社会风险是否在国家危险化学品行业可接受范围内,如果风险过高时,则需采取各种安全措施削减、降低和控制风险,由此研究获得量化风险分析报告。

(2)开展专题火灾风险分析或火灾危害评估,着重对接收站可能出现的闪火、喷射火、池火、火球等火灾事故后果进行评估分析,并获得 GB 50183 中要求计算得到的集液池、拦蓄区的辐射热范围,以及1/2LFL甲烷扩散影响范围,由此进一步优化站内关键设备、建(构)筑物的布置。

(3)开展专题的建筑物爆炸风险分析,对接收站内关键建筑物(如控制室等)可能承受的爆炸风险,尤其是爆炸超压值和持续时间进行模拟计算和评估,以此进一步优化关键建筑物的布置,明确其抗爆设计要求。随着工程项目设计阶段设计的不断深化,在不同的设计阶段开展或补充上面所提及的各种风险分析和评估,可以就接收站所特有的风险提出有针对性的风险削减和控制措施,从而尽可能保证接收站设计的本质安全。

12.1.3 紧急切断阀的设置可减少泄漏量,进而在控制扩散影响范围、引发后续火灾和爆炸时起到了关键作用,因此确保火灾事故情况下紧急切断阀的本质安全尤为重要。有鉴于此,提出了紧急切断阀的耐火保护要求。美国国家标准\美国石油学会标准《阀门检测－防火型检测要求 Testing of Valves-Fire Type Testing Requirements》ANSI\API Std 607、美国石油学会标准《阀门耐火试验规定 Specification for Fire Test for Valves》API Spec 6FA 和美国石油学会标准《带自动反向回座的阀门耐火试验规定 Specification for Fire Test for Valves With Automatic Backseats》API Spec 6FC 对耐火型阀门给出了详细的试验检测指标、步骤等要求,耐火型阀门应能够承受 30 分钟火灾试验,火灾试验温度火焰热电偶检测值维持在 761℃～980℃,热量计检测值维持在 650℃。

12.1.4 原则上,紧急放空的天然气或液化天然气应排入火炬系统或安全放空系统。安全阀尾管或放空口高度及位置应确保扩散后的天然气的爆炸下限的 1/2 影响范围符合现行国家标准《石油天然气工程设计防火规范》GB 50183 关于天然气扩散隔离区的控制要求,同时扩散影响范围内无明火或高热设备。液化天然气储罐罐顶安全阀在储罐出现翻滚时起跳,尾管持续排出的天然气可能被引燃发生喷射火,由于气量大、持续一定时间,故此需要核算喷射火影响范围,以满足现行国家标准《石油天然气工程设计防火规范》GB 50183对混凝土外表面和钢质设备所暴露的热辐射量控制要求。

12.1.5 本条第4款欧洲标准《液化天然气设备与安装》EN 1473—2007第13.1.7条和美国消防协会标准《液化天然气(LNG)生产、储存和装运》NFPA 59A—2013第5.3.2.11款对可能进入开敞式泄漏收集系统的雨水提出了排水设计要求,以保证集液池的有效容积。在设计排水系统时,考虑到发生液化天然气泄漏事故时可能同时遭遇雨天的工况,故提出应有措施防止进入收集系统的液化天然气串入雨水系统。

12.1.10 本条为强制性条文。由于甲烷为无色无味气体,在密闭空间内聚集会产生窒息环境,如果在爆炸极限内被点燃还会产生蒸气云爆炸事故。因此加强密闭空间作业人员的防护设施尤为重要。鉴于此,提出了按照接收站规模、有毒有害作业岗位人员配置防护设施的要求。正压式空气呼吸器供作业人员在浓烟、毒气或窒息等危险环境下安全有效地开展必要的维护、抢险、救援或撤离等活动。便携式可燃气体报警仪供作业人员检测可燃气体的浓度是否达到预定的危险浓度,适用于动火作业前和作业人员在进入密闭空间前的安全作业条件确认。便携式低氧浓度报警仪主要用于作业人员进入密闭空间前安全作业条件确认。

12.1.12 本条为强制性条文。接收站作为大量液化天然气储存和生产的场所,其处理的液化天然气为低温物质且极易挥发,挥发形成的天然气为易燃易爆危险化学品,一旦发生泄漏,可能在较大范围产生火灾、爆炸等事故。为保证发生紧急事故时接收站码头和陆域场站内人员的迅速有序撤离、外界消防及卫生等的应急救援,提出此条款。

12.1.14 本条为强制性条文。氮气为无色、无味、无嗅的惰性气体,通常情况下氮气对人无毒害作用。但由于意外事故导致的氮气泄漏事故,将导致空压站制氮间等密闭厂房内氮气浓度增高,氧气浓度降低,容易使人窒息昏迷。因此,在可能出现氮气窒息环境的封闭厂房提出设置固定式低浓度检测报警仪和事故排风装置，以检测氮气泄漏、避免氮气聚集。

12.2 职业卫生

12.2.1 考虑接收站水处理系统加药设施，操作人员可能接触水处理药品，按照 GBZ 1 的规定，车间特征卫生分级划分为三级。

12.3 环境保护

12.3.1 液化天然气接收站的生活污水和生产污水情况比较简单，经预处理后的水质如果能达到城镇污水系统或园区污水处理场的出水指标，则经当地主管部门同意，可直接经城镇污水系统或园区污水处理场的排水口排入水体，或在指定位置新建排水口。当就近没有城镇污水系统，则应根据产生的污水量、水质情况以及环保部门的要求，选择合适的处理方式，处理达到排放标准后再排放，或者进一步地处理达到回用水指标后，作为回用水使用，以降低对受纳水体的危害。

12.3.2 液化天然气接收站排放废气要满足国家、行业及地方对污染源排放口排出污染物的浓度控制，同时还要满足一定时段内一定区域内排污单位排放污染物总量控制指标要求。

12.3.3 液化天然气接收站排出的固体废物主要包括废润滑油、废污泥、生活垃圾等，分属不同类别，应分别进行处理处置，避免对外环境造成二次污染。

12.3.4 根据环评报告及当地环保部门要求，对废气排放口、废水外排口和接收站所在地环境质量进行必要的监测，反映污染物的排放规律及附近环境质量状况，分析所建项目排放的污染物是否符合国家、地方现行有关标准的要求，了解排污规律，为企业制定排污对策提供科学依据，同时也有利于环保部门的检查和监测。

例如，如液化天然气接收站内配置 SCV，则应在 SCV 排气口预留采样口，定期检测 NO_x 排放情况；如液化天然气接收站内配置ORV,则应在海水排放口附近定期监测余氯和海水温降等;在污水处理厂外排口预留采样口,定期检测外排废水的水量、COD、氨氮、石油类等。

附录 A 气体排放量计算

A.0.3 本规范给出的液体过热产生的排气量 G_{AL} 计算公式是依据 H. T. Hashemi 和 H. R. Wesson 发表的论文 *Design pressure control systems for minimum pressure change in the tank to cut boil-off losses and save money*。该计算公式已被多数国际工程公司采纳应用。考虑到储罐液位较低时大气压变化影响较大，多数国际工程公司在计算大气压变化引起的气体排放量时多假设储罐液位为 20%，储罐在该液位对应的蒸发量为满罐蒸发量的 50%。